FORSCHUNGSBERICHT DES LANDES NORDRHEIN-WESTFALEN

Nr. 2959 / Fachgruppe Maschinenbau/Verfahrenstechnik

Herausgegeben vom Minister für Wissenschaft und Forschung

Dr.-Ing. Uwe Meyer
Lehrstuhl für Mechanische Verfahrenstechnik
Abteilung Chemietechnik
Universität Dortmund
Leitung: Prof. Dr.-Ing. Udo Werner

Experimentelle Untersuchungen an
der überströmenden Flüssigkeitsschicht
in Vollmantelschleudern ohne
Überlaufrand

Westdeutscher Verlag 1980

CIP-Kurztitelaufnahme der Deutschen Bibliothek

Meyer, Uwe:
Experimentelle Untersuchungen an der überströmenden Flüssigkeitsschicht in Vollmantelschleudern ohne Überlaufrand / Uwe Meyer. - Opladen : Westdeutscher Verlag, 1980.

(Forschungsberichte des Landes Nordrhein-Westfalen ; Nr. 2959 : Fachgruppe Maschinenbau, Verfahrenstechnik)
ISBN-13: 978-3-531-02959-7   e-ISBN-13: 978-3-322-88449-7
DOI: 10.1007/978-3-322-88449-7

© 1980 by Westdeutscher Verlag GmbH, Opladen
Gesamtherstellung: Westdeutscher Verlag

ISBN-13: 978-3-531-02959-7

Inhalt

1.	Erläuterung des Forschungsvorhabens	5
2.	Meßtechnik und Meßergebnisse in der Vertikal-Zentrifuge	6
2.1	Oberflächenuntersuchung durch Abtastung	6
2.1.1	Versuchsaufbau	7
2.1.2	Versuchsdurchführung und Meßprogramm	10
2.1.3	Darstellung und Diskussion der Meßergebnisse	14
2.2	Untersuchungen in der Horizontalzentrifuge (Acrylglastrommel)	9
2.2.1	Versuchsaufbau	40
2.2.2	Versuchsdurchführung	40
2.2.3	Darstellung und Diskussion der Meßergebnisse	41
2.3	Messung von Axialströmungsschichtdicken in der Horizontalzentrifuge mit Überlaufrand	49
3.	Gesamtbetrachtung	51
4.	Literaturverzeichnis	53

1. Erläuterung des Forschungsvorhabens

Diese Untersuchungen wurden im Rahmen einer umfassenderen Arbeit über die Hydromechanik von Strömungen in Überlaufzentrifugen durchgeführt. Sie hatten das Ziel, die Strömungen im flüssigkeitsgefüllten Trommelringraum möglichst grundlegend zu beschreiben und alle Einflußgrößen zu charakterisieren, wobei im Hintergrund stets die Leistungssteigerung bzw. Optimierung von Vollmantelschleudern stand. Ein Teilaspekt aus diesem Programm war die Festlegung bzw. Beschreibung der inneren freien Flüssigkeitsoberfläche, welche sich in kontinuierlich durchströmten Trommeln je nach Anordnung der Achse unterschiedlich einstellt, sowie die Herausstellung der sie beeinflussenden Parameter. Die Ergebnisse von Voruntersuchungen hatten die Vermutung aufkommen lassen, daß die Durchströmung der Trommel, welche schichtförmig |1| in Oberflächennähe erfolgt, in Analogie zur Rieselfilmströmung verläuft. Diese Annahme einer grenzschichtähnlichen Charakteristik steht im Gegensatz zu anderen Betrachtungen in der Literatur |2 - 3|, welche den Durchströmungsablauf eher in Analogie zur Strömung über ein Wehr im Erdschwerefeld, also als Potentialströmungsvorgang sehen.
Beiden Richtungen sollte im Rahmen des Forschungsvorhabens nachgegangen werden, wobei zunächst mit Hilfe einer speziell entwickelten Meßtechnik die Schichtdicken (von der Oberfläche her) der Flüssigkeit unter Berücksichtigung der Oberflächenwellen möglichst genau zu bestimmen waren. Um der Rieselfilmströmung am senkrechten Rohr apparatetechnisch möglichst nahe zu kommen, wurde die Zentrifugentrommel "denaturiert", indem die Versuche ohne Überlaufring, also ohne Aufstaukante (Wehr), durchgeführt wurden. Die normalerweise vorliegende Problematik der Schichtenströmung (axial überströmende Schicht und axial ruhende Unterschicht) wurde durch diese Anordnung umgangen. Man ging davon aus, daß die ohne Überlaufring gefundenen Ergebnisse bzgl. der Flüssigkeitsschicht sich, mit gewissen Einschränkungen, auf die überströmende Schicht in einer "realen" Zentrifuge übertragen lassen.

Dem Hinweis auf die Wehrströmungsanalogie sollte durch Gegenüberstellung der vergleichbaren Oberflächenüberhöhungen (relativ zur Wehrkante) an Zentrifuge und Wehr nachgegangen werden. Schließlich sollten in einer Acrylglastrommel <u>mit</u> Wehrkante die Strömungen durch Anfärbung sichtbar gemacht und dadurch die Schichtaufteilung im Ringraum analysiert werden.

2. Meßtechnik und Meßergebnisse in der Vertikal-Zentrifuge
2.1 Oberflächenuntersuchung durch Abtastung

Das Meßprinzip zur Bestimmung von freien Flüssigkeitsoberflächen durch Abtastung wurde bereits früher angewendet. Dabei werden durch die bekannte Flüssigkeitsoberflächenkontur und eine weitere bekannte Größe (o.a. die Trommelwand oder die Überlaufkante) Schichtdickenbestimmungen möglich (Bild 1).

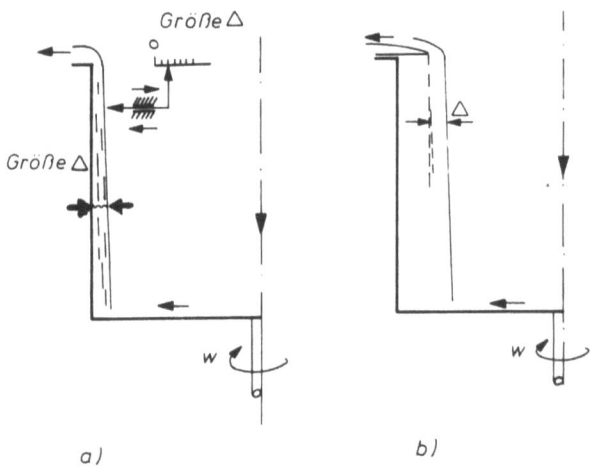

Bild 1: Messung der Schichtüberhöhung Δ gegenüber der Trommelwand (Fall a) bzw. gegenüber dem Überlaufring (Fall b)

Bei einer Abtastapparatur, welche am Zentrifugengehäuse befestigt ist, gehen notwendigerweise Lagerspiel und Ungenauigkeiten am Ring als Fehler in die Messung ein.
Für die Durchführung der Oberflächenuntersuchungen wurde nun eine Meßapparatur entwickelt, welche der Genauigkeit der von H. Brauer |4| verwendeten Vorrichtung (= eine über eine Mikrometerschraube verstellbare Tastspitze) zur Ausmessung von Rieselfilmen ebenbürtig ist. Während bei |4| aber die außen an

einem stehenden Rohr herabrieselnden Schichten ausgemessen werden konnten, waren hier die Flüssigkeitsdicken in der drehenden Trommel zu bestimmen, wodurch die Installierung eines von außen zu bedienenden Automaten (nitrotierende Abtastapparatur) in der Zentrifuge erforderlich wurde.

2.1.1 Versuchsaufbau

Gesamtanlage

Der Aufbau der Versuchsanlage ist schematisch in Bild 2 dargestellt. Bei der Zentrifuge handelte es sich um eine Ausführung mit vertikaler Drehachse. Die Vollmanteltrommel mit lichtem Durchmesser d = 400 mm hatte eine Innenlänge von 300 mm. Die Drehzahl ist stufenlos über einen Bereich bis 3000 min^{-1} einstellbar und sie wird digital angezeigt.

Die Durchflußmenge wird durch zwei Ovalradzähler, bei kleinen Volumenströmen durch Schwebekörperdurchflußmesser, bestimmt.

Für andere Meßmedien als Wasser dient der mit einem Rührwerk versehene Behälter als Ansatz- und Vorratsgefäß. Die Zahnradpumpe dient dann als Förder- und Regelorgan.

Die Temperatur der Meßflüssigkeit wird digital mit einer Anzeigegenauigkeit von ± 0,1 °C angezeigt.

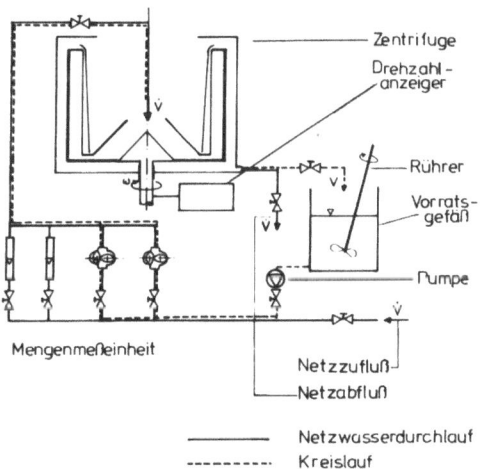

Bild 2: Schema der Versuchsanlage (Zentrifuge hier mit Überlaufring)

Mitrotierende Abtastapparatur

Aufbau und Wirkungsweise der in der Zentrifugentrommel verwendeten Abtastvorrichtung mit ihren Hilfsaggregaten geht aus den Bildern 3 und 4 hervor. Diese Meßapparatur ist auf einer Alu-Scheibe befestigt, und über diese mit der Trommel verankert (Bild 3). Durch geeignete Zwischenringe kann die Scheibe mit der Vorrichtung in vier verschiedenen Höhen s (s = 0, 24, 82, 141 mm) in der Trommel eingerichtet werden.

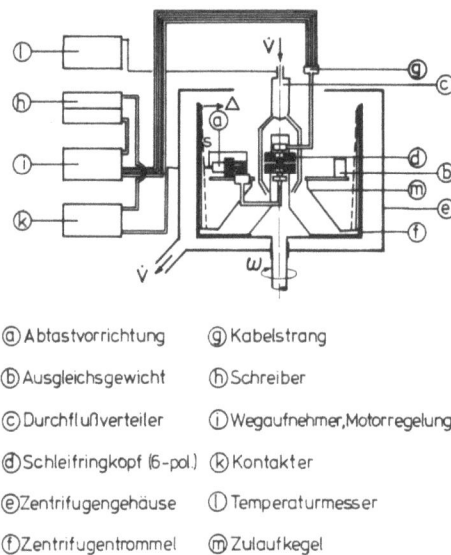

ⓐ Abtastvorrichtung   ⓖ Kabelstrang
ⓑ Ausgleichsgewicht   ⓗ Schreiber
ⓒ Durchflußverteiler   ⓘ Wegaufnehmer, Motorregelung
ⓓ Schleifringkopf (6-pol.)   ⓚ Kontakter
ⓔ Zentrifugengehäuse   ⓛ Temperaturmesser
ⓕ Zentrifugentrommel   ⓜ Zulaufkegel

Bild 3: Schematische Darstellung der mitrotierenden Abtastvorrichtung in der Trommel

Die Abtastapparatur ist motorisch während des Betriebes verstellbar und arbeitet nach dem Prinzip eines Reitstocks (Bild 4). Dazu wurde ein Gleitzylinder mit Tastspitze und Spindel in einem Gehäuse befestigt, und die Spindelwelle an einen Gleichstromgetriebemotor angekuppelt. Eine Umdrehung der Spindel verschiebt die Nadel um 0,5 mm in axialer Richtung. Die Umdrehungen werden mit Stirnrädern auf ein 10-Wendelpotentiometer übertragen, wodurch eine Meßstrecke von 5 mm vorgegeben war. Weitergehende Abmessungen konnten durch andere Nadellängen erfaßt werden.

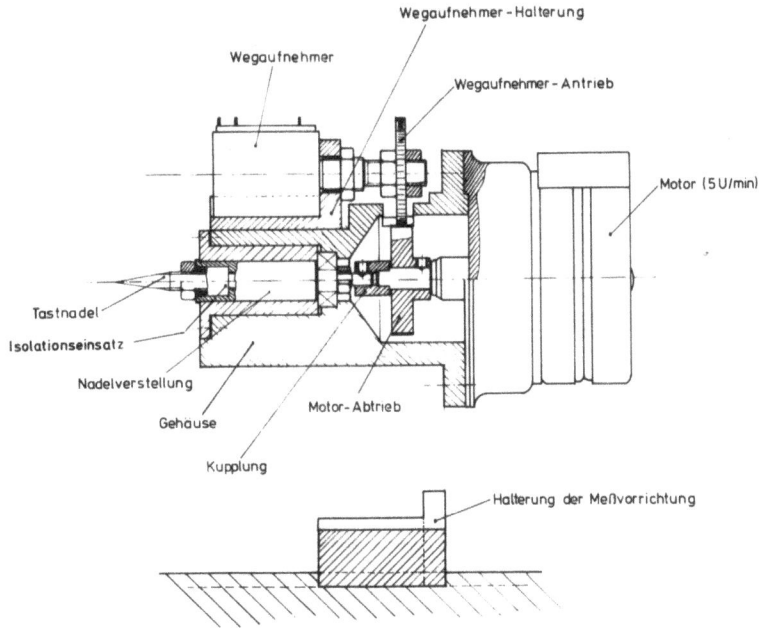

Bild 4: Schnitt durch die Abtastvorrichtung

Die Steuerimpulse für den Motor, die Signale des Wegaufnehmers und der Kontaktschluß zwischen Tastspitze und Flüssigkeitsoberfläche (angelegter Stromkreis schließt sich) werden mit einem 6-poligen Schleifringkopf zum Steuergerät bzw. zum Schreiber übertragen. Dabei entspricht 1 mm Weg der Abtastnadel einer Länge von 50 mm auf dem Schreiber, so daß eine hohe Auflösegenauigkeit gegeben war.

2.1.2 Versuchsdurchführung und Meßprogramm

Eichung der Meßapparatur

Um Störgrößen, welche entweder durch den Apparat selbst oder durch die Betriebsbedingungen hervorgerufen werden, zu eliminieren, wurde die Abtastvorrichtung geeicht |5|.
Die Eichung erfolgte zunächst außerhalb der Zentrifuge, wodurch die apparatebedingten Störgrößen erfaßt werden konnten. Dazu wurde die Meßapparatur mit einer feststehenden Wand verbunden.

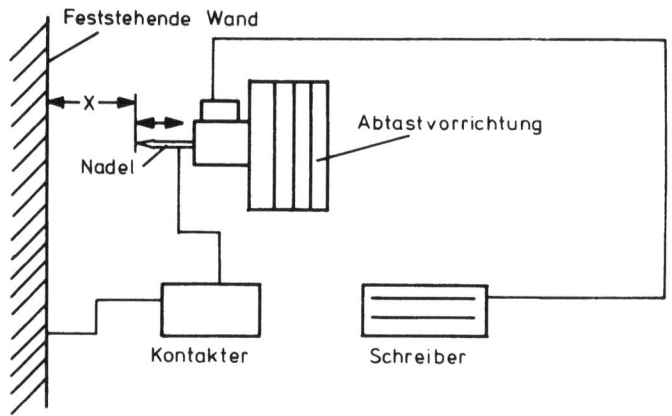

Bild 5: Eichmeßstand außerhalb der Zentrifuge

Sie wurde so eingestellt, daß das Kontaktgerät bei voll ausgefahrener Nadel gerade Berührung mit der Wand anzeigte. Dieser Zustand wurde auf dem Schreiber als Nullpunkt definiert. Im weiteren wurde der Nadelabstand x durch das Einlegen mechanischer Endmaße (Toleranzwert: $\pm$ 0,01 %) kontrolliert, und die definierte Stärke der Endmaße mit den am Schreiberdiagramm angezeigten Werten verglichen.

Die Auswertung dieser (jeweils 5 x durchgeführten) Messungen über ein Rechnenprogramm zur Ermittlung einer Ausgleichsfunktion ergab nach der Methode von Gauß |6| mit einem Approximationsindex von 99 % folgende Linearitätsfunktion:

$$x_{wirklich} = 1{,}00031 \ x_{gemessen} - 0{,}00195$$

Diese wurde in dem Auswerteprogramm zur Bestimmung der Überhöhungen berücksichtigt.

Anschließend wurde die Abtastapparatur in der Zentrifugentrommel eingebaut und unter Betriebsbedingungen geprüft. Diese Eichung erfolgte unter der Annahme, daß die Zentrifugalbeschleunigung (-kraft) Einfluß auf die Meßgröße nimmt.
Es wurde berücksichtigt, daß eine Verstellung der Nadel auf zwei Arten erfolgen kann:

1. Durch motorische Verstellung der Nadelhalterung
2. Durch Verdrehen des Nadelgewindes in der Halterung

Beide Größen wurden nun dadurch berücksichtigt, daß bei verschiedenen Stellungen der Nadelhalterung - ablesbar ausgedruckt durch die Schreiberstellung - die Nadel in ihrem Gewinde immer so eingestellt wurde, daß sie im Stillstand gerade Kontakt mit der Trommelwand hatte (= Nullpunktstellung).
Durch die Einstellung verschiedener Drehzahlen (n = 400-1200 1/min, Abweichung $\pm$ 1 %) wurde die Abweichung der Anzeige unter dem Einfluß des Zentrifugalfeldes bestimmt. Diese Differenzen zwischen dem vorher definierten Nullpunkt und dem Meßpunkt konnten am Schreiber abgelesen werden |5|.
Die Messungen wurden in einer Trommelhöhe pro Drehzahl und pro Nadelstellung mehrfach durchgeführt, und die Ergebnisse statistisch ausgewertet.
Die Bilder 6, 7, 8 zeigen die Ergebnisse für die drei Höhen s = 24, 82 und 141 mm unterhalb der Überlaufkante.
Dabei sind die relativen Abweichungen (bzg. auf den Meßbereich von 5 mm) über den eingestellten Trommeldrehzahlen eingetragen.
Die Kreuze geben jeweils die obere und untere Grenze eines Konfidenzintervalls an, wobei eine 95 %-ige Wahrscheinlichkeit zugrunde gelegt war. Die strich-punktierten Linien stellen jeweils Ausgleichspolynome durch die Intervalle dar.
Auch diese Ausgleichspolynome wurden in das Auswerteprogramm für Δ eingearbeitet.

- 12 -

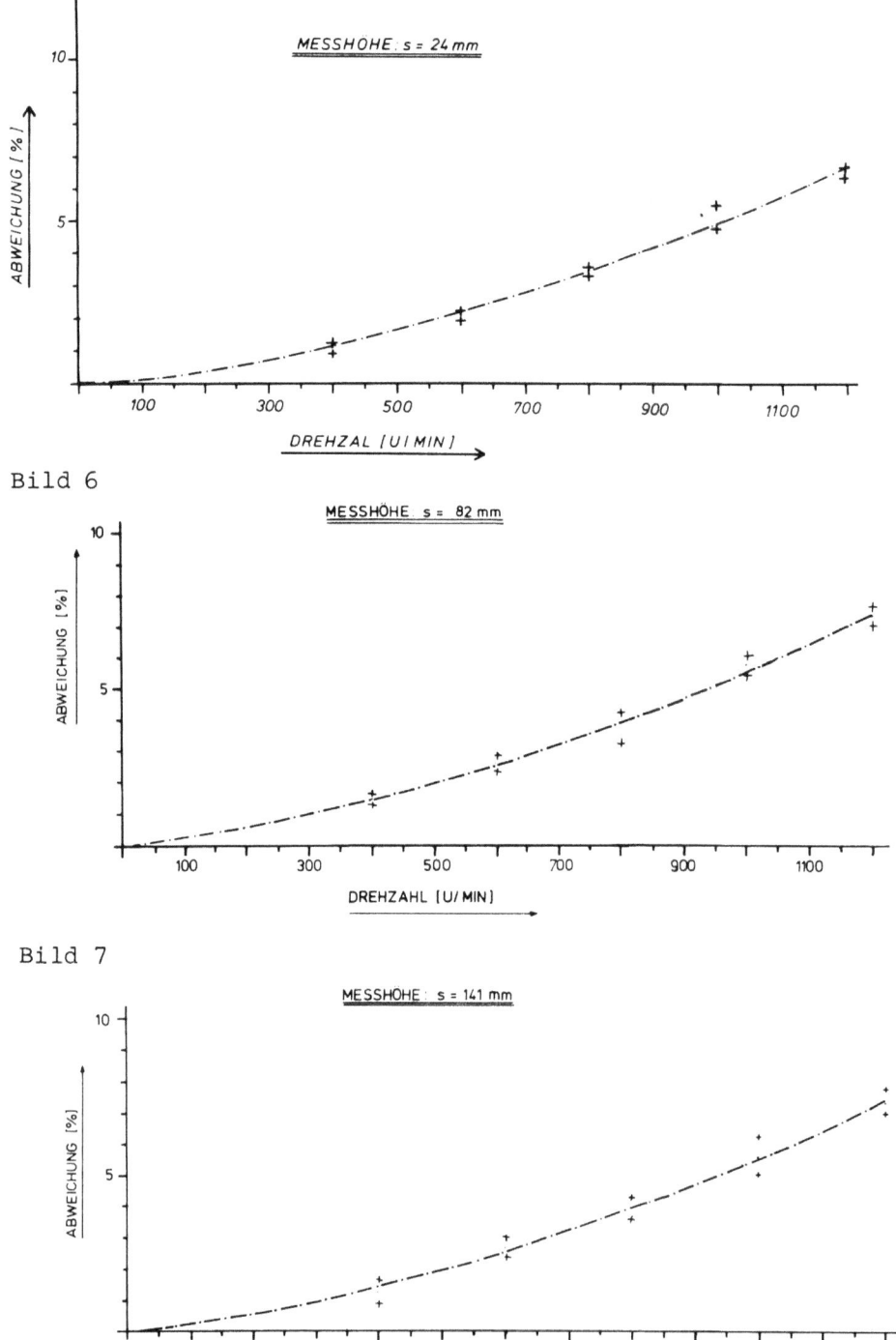

Bild 6

Bild 7

Bild 8

Bilder 6-8: Eichkurven der Abtasteinrichtung

Wie aus den Kurven hervorgeht, liegen die Verschiebungen gegenüber dem Ruhezustand bei maximal 8 %; das entspricht bei einem Meßbereich von 5 mm einer absoluten Länge von 0,4 mm.

Diese Abweichungen der Anzeige unter Wirkung des Zentrifugalfeldes sind im wesentlichen mit der Konstruktion der Meßhalterung in der Trommel zu erklären. Es wirkt auf die Meßvorrichtung eine Kraft von

$$F_z = mr\omega^2 = 110 \text{ kp}.$$

Diese wirkt auf die Alu-Scheibe im wesentlichen als Zugkraft, sie bewirkt aber auch in Verbindung mit einem kurzen Hebelarm zum Apparatschwerpunkt ein Biegemoment von

$$M_B = 110 \text{ kp} \cdot 0,025 \text{ m} = 2,75 \text{ kpm}.$$

Es genügte jedoch, die Abweichungen durch die abgesicherten Eichkurven zu berücksichtigen, da es sich offensichtlich um rein _elastische_ Verformungen handelte. Nach dem Stillstand der Trommel konnte stets der vorher eingestellte Nullpunkt wieder ermittelt werden.

Meßprogramm

Das Versuchsprogramm umfaßte eine Vielzahl von Messungen, wobei die Meßhöhen s in der Trommel, die Drehzahlen n entsprechend der Eichung und die Volumenströme $\dot{V}$ (in enger Folge über den gesamten einstellbaren Bereich) variiert wurden.

Darüber hinaus wurden, um den Einfluß der Zähigkeit zu untersuchen, neben Wasser als Meßmedium verdünnte Glukoselösungen unterschiedlicher Viskosität benutzt.

Wegen der o.a. gewellten Flüssigkeitsoberfläche mußten für jeden Betriebszustand zwei Schichtdicken, "Wellenberg" und "Wellental" ausgemessen werden.

Definition Wellenberg Δ_B:

In einem Zeitintervall von 7,5 sec wird _ein_ Kontaktimpuls (Berührung der Flü.-oberfläche) bei konstanter Nadelstellung aufgezeigt.

Definition Wellental Δ_T:

In einem Zeitintervall von 7,5 sec wird der Dauerkontakt zwischen Flü. und Nadel _einmal_ unterbrochen.

Die absoluten Höhen der so ausgemessenen Flüssigkeitsdicken
wurden aus den Schreiberdiagrammen mit Hilfe eines Rechenprogramms bestimmt. Sie dienten u.a. als Ausgangsdaten zur
Berechnung einer mittleren Schichtdicke.

2.1.3 Darstellung und Diskussion der Meßergebnisse

Allgemeine Diskussion der Oberflächenwellen

Die Problematik der Ausbreitung von Wellen an freien Flüssigkeitsoberflächen und deren meßtechnische Erfassung bzw. Berücksichtigung nimmt in der Literatur einigen Raum ein. So werden von |4| und |7| Methoden zur Ausmessung von wellenbehafteten Rieselfilmen beschrieben, wobei letzterer die Veränderung der Schichtdicke kontinuierlich durch die ständige Messung der Lichtstreuung von in der Flüssigkeit suspendierten Teilchen bestimmt. Darüber hinaus werden Wellenamplitude, Wellenfrequenz und -länge ständig ermittelt.
Ferner werden in theoretischen Arbeiten |8|, |9| mit Hilfe mathematischer Approximationen Ansätze zu vorhandenen Meßergebnissen für die Ausbildung von Oberflächenwellen bei der Abströmung an geneigten Platten abgeleitet.
Nach |10| können Oberflächenwellen in folgende Kategorien unterteilt werden: Ebene Wellen, Ringwellen, Schiffswellen und Wellen vom Mach'schen Typ. Für die Fortpflanzungsgeschwindigkeit von ebenen Schwerewellen, bei denen als Rückstellkraft nur das Gravitationsfeld wirkt, ergibt sich unter den Bedingungen der Potentialströmung die Gleichung |11|

$$c = \sqrt{\frac{\lambda \cdot g}{2\pi} \tan h \frac{2\pi i}{\lambda}} \qquad (2.1)$$

Darin bedeuten λ die Wellenlänge und i die Wassertiefe. Bei Berücksichtigung der Oberflächenspannung (Kapillarwellen) läßt sich c nach folgender Beziehung bestimmen:

$$c_{ges} = \sqrt{\frac{\lambda g}{2\pi} + \frac{2\pi C}{\rho \lambda}} \qquad (2.2)$$

Der 2. Term unter der Wurzel beinhaltet die Kapillarität. Abschätzungen zeigten, daß für eine Berechnung der Wellenfortpflanzungsgeschwindigkeiten in der Zentrifugentrommel die Beziehungen 2.1 und 2.2 nicht dadurch herangezogen werden können, daß man in den Gleichungen die Erdbeschleunigung durch die Zentrifugalbeschleunigung ersetzt. Die Wellencharakteristik in der Trommel unterliegt offensichtlich anderen Gesetzmäßigkeiten.

Visuelle Beobachtungen der freien Flüssigkeitsoberfläche

Beobachtete man die Oberfläche in durchströmter Trommel unter stroboskopischer Beleuchtung, dann konnten für fast alle Betriebszustände Wellen ausgemacht werden, Bild 9. Lediglich für kleine Drehzahlen (n = 400 1/min) und geringe Volumenströme erschienen die Flüssigkeiten glatt.
Als eine Ursache für die Wellenbildung kommt das Zulaufsystem in Betracht. Beobachtete man nämlich den Flüssigkeitseinlauf am Trommelboden, dann war dort deutlich das Ablösen von gekrümmten Wellenkämmen zu erkennen. Die Wellenlänge lag bei einigen Zentimetern, die Wellengeschwindigkeit nahm mit dem Volumenstrom und der Drehzahl zu.
Die Laufrichtung der Wellen war im allgemeinen schräg nach oben, mit einer negativen relativen Komponente in Umfangsrichtung. Anfärbungsversuche zeigten aber, daß dieser Wellenschlupf geringer war als der Schlupf (Nachlauf) der gesamten Flüssigkeitsschicht. Wenn sich die Hauptbewegungsrichtungen der Wellen und der darunterliegenden Schicht aber unterscheiden, dann ist zu vermuten, daß die Wellenkämme mit größerer Axialkomponente über die Schicht zum Überlauf hin abrollen, wodurch die Messungen der Schichtdicken bzgl. ihrer Genauigkeit sich noch verkomplizieren.

Auftragung von absoluten Schichtdicken über der Reynoldszahl
Definitionen:
Die freie Flüssigkeitsoberfläche in einer sich um eine senkrechte Achse drehenden Zentrifugentrommel nimmt nur für Drehzahlen n $\longrightarrow$ ∞ zylindrische Form an |12|. Je niedriger die Dreh-

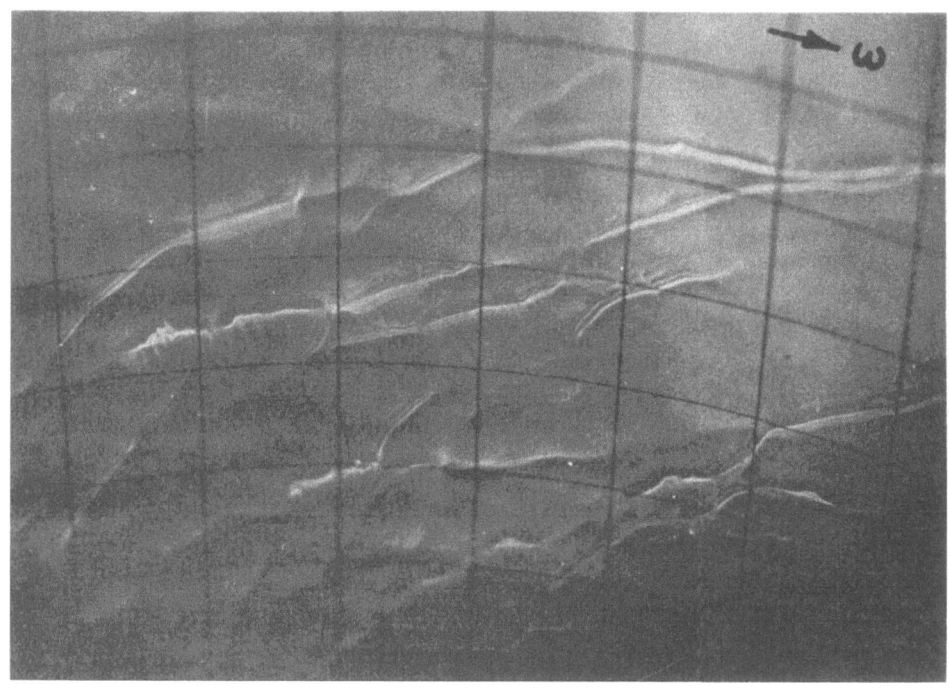

Bild 9: Oberflächenwellen in der drehenden Trommel,
n = 800 1/min, $\dot{V}$ = 40 1/min

zahl ist, desto ausgeprägter stellt sich die parabolische Oberflächenform dar, Bild 10.
Diese Parabelkontur läßt es unerläßlich werden, daß, unabhängig vom Betriebszustand, die jeweilige Meßhöhe bei Schichtdickenangaben genannt wird,

Meßhöhe: Höhe s der Abtastnadel unterhalb der Überlaufkante
Es waren einstellbar s = 24, 82 und 141 mm (Bild 11)

Absolute Schichtdicke: Dicke Δ der Flüssigkeitsschicht von der Oberfläche bis zur Trommelwand (Bild 11)

Nullkontur, Nullparabel: Oberflächenkontur durch den Punkt der Überlaufkante (Bild 11), $\dot{V}$ = 0

relative Schichtdicke $\Delta\delta$: Schichtüberhöhung der Nullkontur bei konstantem Volumenstrom $\dot{V}$ und konst. Drehzahl n

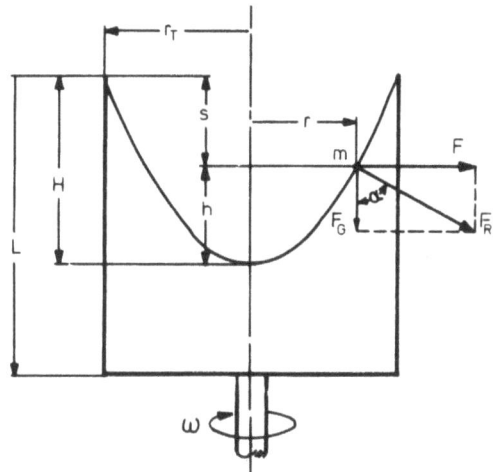

Bild 10: Zur Ausbildung der freien Flüssigkeitsoberfläche in einem um eine senkrechte Achse drehenden Gefäß

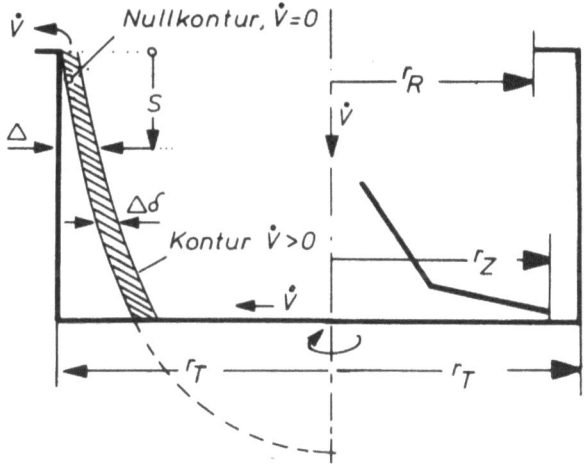

Bild 11: Erläuterung der Meßgrößen

Reynoldszahl: Dimensionsloser Quotient aus Trägheits- und Reibungskraft. Hier entsprechend dem Rieselfilm definiert als:

$$Re = \frac{\bar{w} \cdot \Delta \cdot \rho}{\eta} \approx \frac{\dot{V} \cdot \Delta \cdot \rho}{2\pi r_T \cdot \Delta \cdot \eta} = \frac{\dot{V} \cdot \rho}{2\pi r_T \eta} \quad \text{mit } r_T \gg \Delta \quad (2.3)$$

Betrachtet man nun im folgenden zunächst die Ergebnisse von Messungen mit Wasser (η_1 = konst.), so erfolgt die Variation der Reynoldszahl (von geringen Temperatureinflüssen auf die Zähigkeit abgesehen) ausschließlich durch den Volumenstrom $\dot{V}$. Es wurden im folgenden zunächst nur die (stark höhenabhängigen) Schichten Δ über Re aufgetragen. Dies erschien sinnvoll, da Anfärbeversuche die Durchströmung der gesamten Flüssigkeitsschicht (nicht nur von $\Delta\delta$) aufgezeigt hatten.
Bild 12 zeigt eine derartige Auftragung.

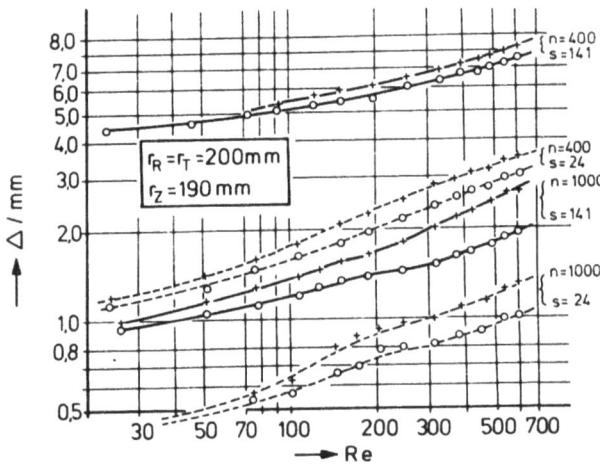

Bild 12: Absolute Schichtdicken Δ als Funktion von Re ($\sim \dot{V}$)

Die Kreuze stellen jeweils die Wellenberg-, die Kreise die Wellentalkurve dar. Erwartungsgemäß liegen die Kurven für s = 24 deutlich unter denen der Meßhöhe s = 141 (⟶ als Folge der Parabelkontur).
Ferner zeigt die Darstellung den wesentlichen Einfluß der Drehzahl auf die Gesamtschichtdicke auf (⟶ Vergrößerung des Volumenstroms um Faktor 20 bringt nur eine Schichtverdopplung; Vergrößerung der Drehzahl um Faktor 2,5 hat ca. Vervierfachung von Δ zur Folge).
Weiter ist aus der Auftragung zu erkennen, daß die Wellenhöhen $\Delta_{Berg} - \Delta_{Tal}$ mit steigender Drehzahl zunehmen. Diese Aussage ist repräsentativ für alle weiteren Messungen mit Wasser.

Definition einer mittleren Schichtdicke Δm

Mit Hilfe einer geeigneten Modellvorstellung sollte eine mittlere, die Wellen berücksichtigende Schichtdicke definiert werden. Entsprechende, umfangreiche Auswertungen der Schreiberdiagramme führten zur Definition eines Wellenfaktors |5|. Er wurde mit f_s bezeichnet und zu $\underline{\underline{f_s \cong \frac{1}{3}}}$ ermittelt.

Der Wellenfaktor f_s stellt eine Gewichtung dar, welche den Anteil der Wellenkämme $\Delta_{Berg} - \Delta_{Tal}$ an der Schichtdicke berücksichtigt. Die mittlere Schichtdicke stellt sich damit wie folgt dar:

$$\Delta_m = \Delta_{Tal} + f_s (\Delta_{Berg} - \Delta_{Tal}) \qquad (2.4)$$

Die statistische Auswertung aller vorliegenden Werte für f_s ergab folgende Schwankungsbreite:

$$\underline{f_s = 0,337 \pm 0,077}$$

Diese Größe gilt nicht nur für die Trommel ohne Überlaufring, sondern auch für weitergehende Untersuchungen mit verschiedenen Aufstauungen, Bild 13.
Zur Verdeutlichung des Einflusses der Schwankungsbreite $\Delta f_s = \pm 0,077$ auf die Bestimmung der Gesamtschichtdicken Δ_m ist in Bild 14 die relative Abweichung $0,077 (\Delta_{Berg} - \Delta_{Tal})/\Delta_m$ über Δ_m aufgetragen.

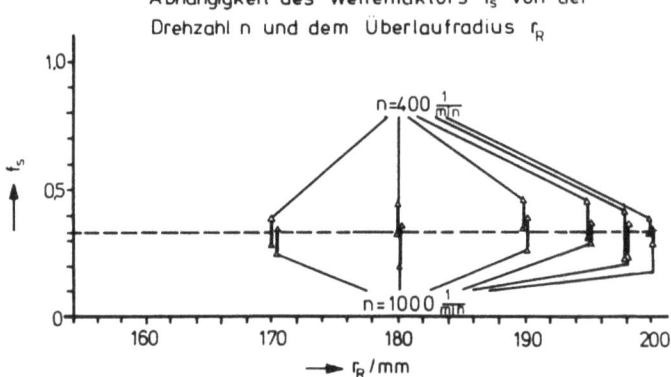

Bild 13: Konfidenzintervalle des Wellenfaktors f_s für verschiedene Überlaufradien (95 %-Wahrscheinlichkeit)

Für die Differenz ($\Delta_{Berg} - \Delta_{Tal}$) wurde ein Maximalwert zugrunde gelegt. Wie der Darstellung zu entnehmen ist, ergibt sich für eine Dicke Δ_m = 1 mm ein Fehler von 3,5 %, für Δ_m = 5 mm eine Abweichung von unter 1 %.

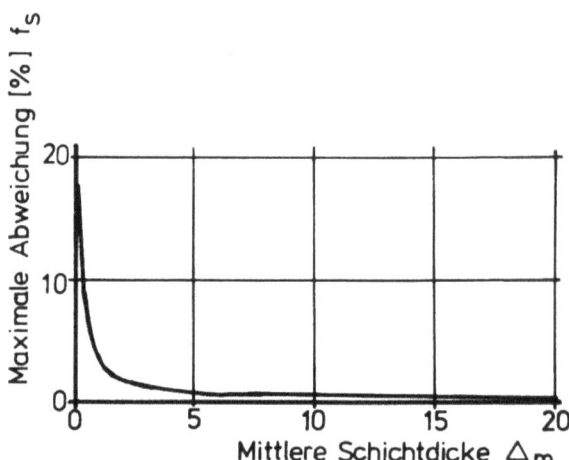

Bild 14: Darstellung des Einflusses der Schwankungsbreite von Δf_s auf die Genauigkeit bei der Berechnung mittlerer Schichtdicken Δ_m

Gegenüberstellung zur Rieselfilmströmung

Es erschien von Interesse, mittlere Gesamtschichtdicken den für die Rieselfilmströmung gefundenen Werten gegenüberzustellen. Dieser Vergleich ist insofern problematisch, als die Δ_m-Werte aus der Zentrifuge einen Schichtanteil enthalten, welcher sich aus der Kräftekonstellation von Zentrifugalkraft und Schwerkraft ergibt ($F_z - F_g$, $\longrightarrow$ Parabelkontur!). Am ehesten sind also für einen Vergleich die gemessenen Schichten in der Höhe s = 24 mm, wo der Parabeleinfluß gering ist, heranzuziehen. In Bild 15 ist diese vergleichende Darstellung ausgeführt. Darin stellen die dick durchgezogenen Kurven die Schichtdicken der Rieselfilmströmung (δ_{Berg}, δ_M, δ_{Tal}) nach |4| als Funktion der Reynoldszahl dar, wobei ein Umschlagspunkt von laminarer zu turbulenter Filmströmung bei Re = 400 angegeben wird.
Zum Vergleich sind Δ_m-Werte der Höhe s = 24 mm für zwei weit auseinanderliegende Drehzahlen, sowie eine Datenreihe für s = 141 und eine niedrige Drehzahl (starker Parabelkontureinfluß) eingetragen und durch Kurvenzüge verbunden. Die größte Übereinstimmung der Kurvencharakteristiken von Zentrifuge und Rieselfilm besteht zwischen δ_m und Δ_m bei s = 24, n = 1200 1/min. Dies ist insofern bemerkenswert, als bei dieser Drehzahl ein großes Vielfaches der Erdbeschleunigung <u>quer</u> (senkrecht) zur Strömungsrichtung in der Zentrifuge wirkt, also ein Zustand, der von dem der Rieselfilmströmung am weitesten entfernt ist (Erdbeschleunigung wirkt voll in Strömungsrichtung). Zusätzlich sind in Bild 15 noch die um die Nullkontor korrigierten Werte $\Delta\delta$ bei s = 24, n = 1200 (strich-punkt. Linienzug) eingetragen. Dadurch ändert sich das Kurvenbild nicht wesentlich; vielmehr fällt weiterhin auf, daß selbst bei der hohen Drehzahl sowohl die Gesamtschichten Δ_m als auch die reinen Überhöhungen $\Delta\delta_m$ größer ausfallen als die mittleren Schichten δ_m des Rieselfilmes.
Versuch einer <u>Deutung</u>: Das Verhältnis aus Zentrifugalkraft (quer zur Strömungsrichtung) und treibender, axialer Kraft (in Strömungsrichtung) <u>ist sehr groß</u> $\longrightarrow$ führt zu einer Aufstauung des Flüssigkeitsfilms $\longrightarrow$ Schichtverdickung.

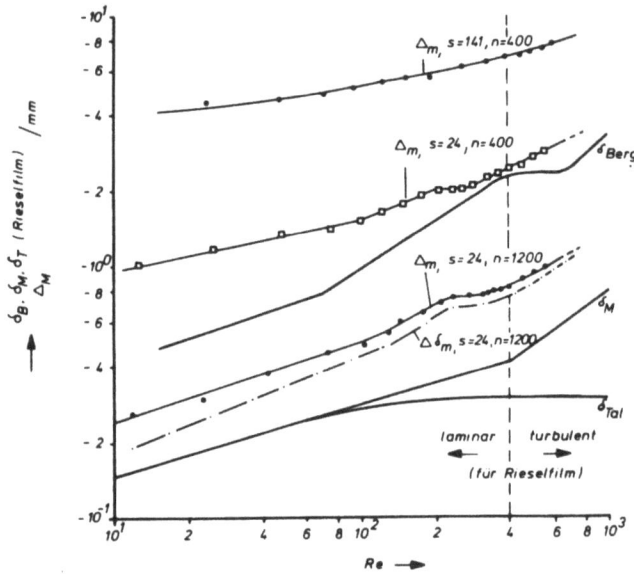

Bild 15: Schichtdicken aus der Zentrifuge im Vergleich zum Rieselfilm als Funktion der Reynoldszahl

In einer weiteren Gegenüberstellung werden wiederum Ergebnisse
der Rieselfilmströmung nach |4| zum Vergleich herangezogen.
Für den Rieselfilm wurde eine dimensionslose mittlere Filmdicke
definiert

$$\frac{1}{\delta_R^*} = \frac{(V/U)^2}{2g\,\delta^3} = Fr_R$$

und diese als Funktion der Reynoldszahl aufgetragen. Die entsprechende graphische Darstellung zeigt Bild 16:

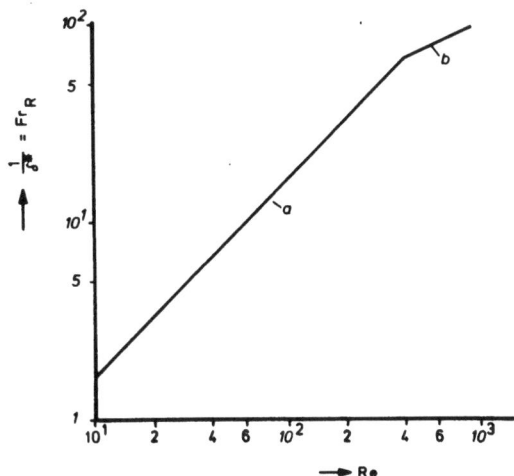

Bild 16: Dimensionslose Schichtdicke $1/\delta_R^*$ als Funktion der
Reynoldszahl (Rieselfilm) nach |4|

Zur Berechnung der mittleren Filmdicke können aus dieser Auftragung die folgenden Gleichungen abgeleitet werden:

laminarer Bereich (Kurve a):

$$\frac{1}{Fr_R} = \delta_{R,l}^* = \frac{6}{Re} \qquad (2.6)$$

turbulenter Bereich (Kurve b):

$$\frac{1}{Fr_R} = \delta^*_{R,t} = (90\ Re)^{-\frac{2}{5}} \qquad (2.7)$$

Für eine entsprechende Darstellung der Schichtdicken aus der Zentrifuge wurde die Reynoldszahl nach Glg. 2.3 sowie eine dimensionslose Schichtdicke wie folgt definiert:

$$\frac{1}{\Delta^*} = Fr_z = \frac{\overline{w}^2}{z \cdot g \cdot \Delta} = \frac{\dot{V}}{r_T \omega^2 \cdot \Delta \cdot (2\pi r_T \Delta)^2} = \frac{900\ \dot{V}^2}{4\pi^4 r_T^3 \Delta^3 n^2} \qquad (2.8)$$

Bei dieser Rechnung wurde davon ausgegangen, daß $r_T \gg \Delta$, so daß die durchströmte Kreisringfläche mit $A = 2\pi r_T \Delta$ nur näherungsweise berechnet war.

Einige ausgewählte Auftragungen $Fr_z = f(Re)$ zeigen die folgenden Bilder 17-20, |5| wobei verschiedene Drehzahlen n und Meßhöhen s Berücksichtigung finden. Diese Bilder sind repräsentativ für praktisch alle Meßdaten, sie gelten jedoch nur für Wasser, Re ist also proportional $\dot{V}$.

Als gemeinsame Merkmale lassen die Darstellungen zwei Bereiche erkennen, nämlich

1. <u>Re < 300:</u> Hier hat die Gerade log $Fr_z(\Delta_m)$ über log Re eine Steigung von m = 4/3.

2. <u>Re > 300:</u> Hier gilt für den entsprechenden Geradenzug m = 9/10 ($\approx$ m $\rightarrow$ 1).

Eine direkte Gegenüberstellung dieser Kurvenzüge zu denen nach Bild 16 in einem Diagramm ist möglich, bringt hier aber keine weiteren Erkenntnisse.

Da die Schichtausbildung in der Zentrifuge neben der Re-Zahl ($\sim \dot{V}$) auch wesentlich von der Drehzahl und der Meßhöhe bestimmt wird, soll als Konsequenz der bereits gefundene Ansatz $Fr_z = f(Re \sim \dot{V})$ um die weiteren Einflußgrößen erweitert werden. Man erhält dazu den folgenden Produktausdruck

$$Fr_z = Re^m \cdot n^{*\ 2k} \cdot s^{+1} \cdot C \qquad (2.9)$$

Die Größe n^* ist definiert als das Verhältnis aus Trommeldrehzahl zu derjenigen Drehzahl, bei der für den vorgegebenen Ra-

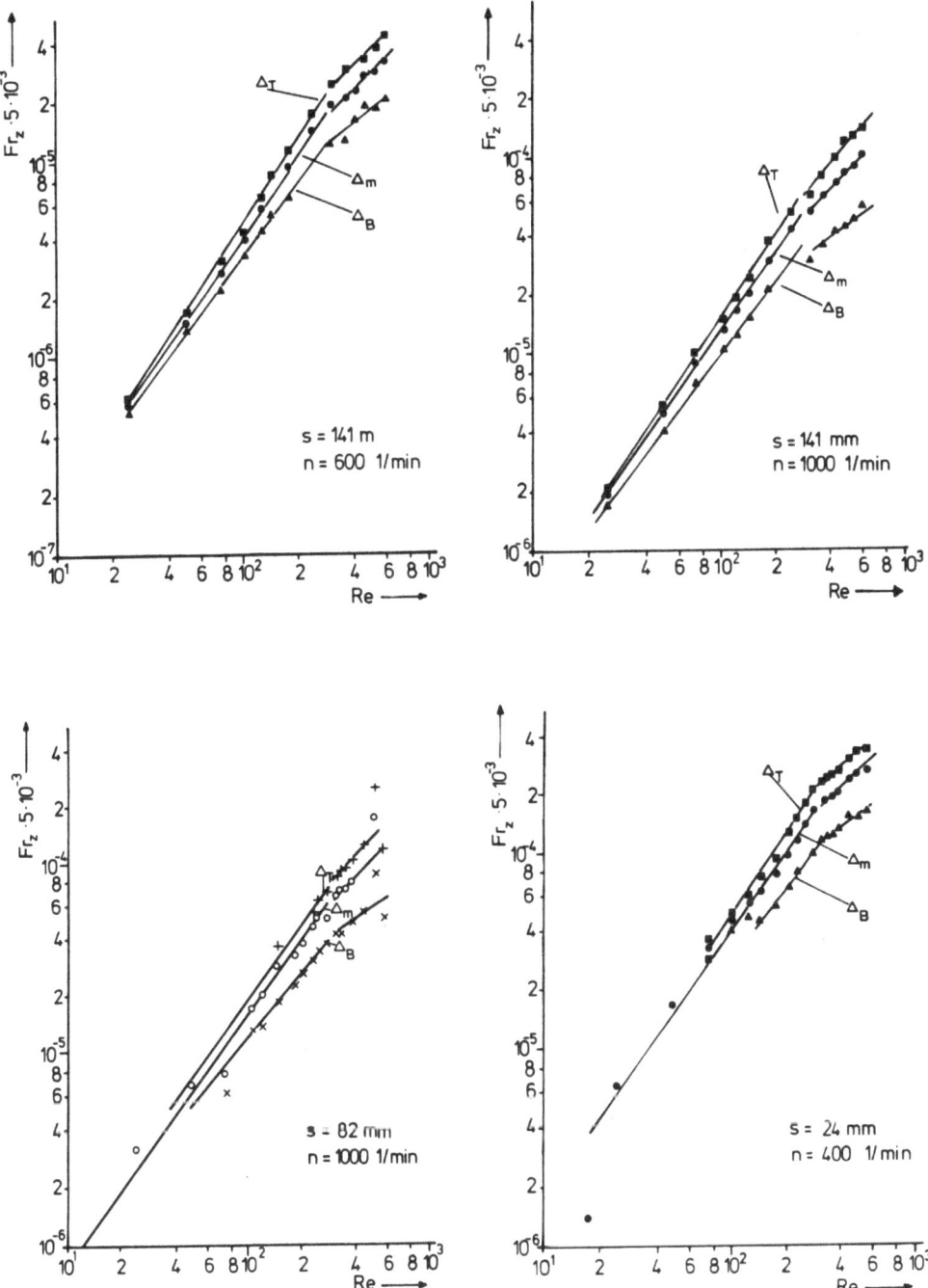

Bild 17 - 20: Dimensionslose Schichtdicke Fr_z als Funktion von Re

dius die Zentrifugalbeschleunigung gleich der Erdbeschleunigung ist:

$$n^* = \frac{n}{n_g} = \sqrt{\frac{\pi^2 n^2 r_T}{900\,g}} = \sqrt{z} \qquad (2.10)$$

z = Beschleunigungsverhältnis $n_g = 66,88$ 1/min

Die Größe s^* ist die auf die Trommellänge L bezogene Meßhöhe s. In Bild 21 sind für die Höhen s = 82 bzw. s = 141 die Meßkurven (Mittelwerte Δ_m) für sämtliche gefahrenen Drehzahlen aufgetragen. Mit Hilfe des Quadrates der dimensionslosen Drehzahl

$$n^{*2} \sim \frac{n^2 r_T}{g} \sim \left(\frac{n}{n_g}\right)^2 \qquad (2.11)$$

(welche das Verhältnis aus Zentrifugal- zu Schwerkraft und damit wiederum eine <u>Froudezahl</u> darstelle) wird aus den Meßkurven des Bildes 21 die Abhängigkeit der dimensionslosen Schichtdicken Fr_z bestimmt, Tab. 1.

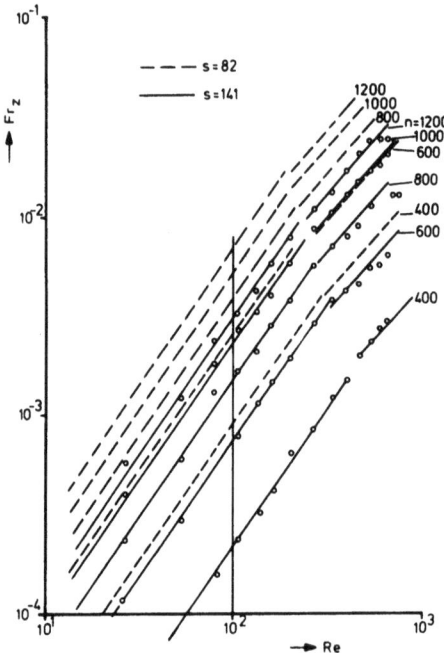

Bild 21: Dimensionslose Schichthöhe Fr_z als Funktion der Re-Zahl für die Meßhöhen s = 82 und s = 141

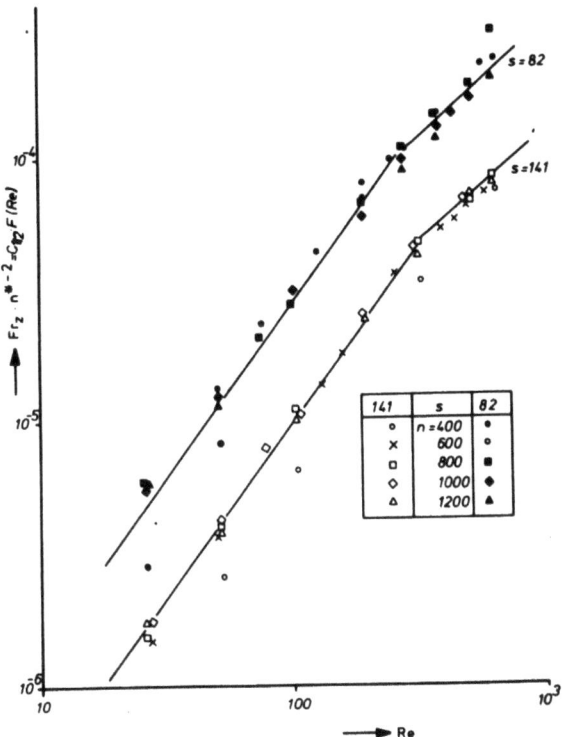

Bild 22: Darstellung der Ergebnisse aus Bild 21 mit Berücksichtigung des Drehzahleinflusses

Man erhält dabei als Exponenten k für die Meßungen der Höhe s = 82 k= 1 und s = 141 k = 1,1. Trägt man Meßdaten aus den beiden Höhen nach der Funktion

$$Fr_z = Re^m \cdot n^{*2} \cdot C \qquad (2.12)$$

auf, (für beide Höhen wurde hier der Exponent k = 1 gewählt) dann erhält man die Darstellung in Bild 22. Dabei zeigt sich, daß die Meßwerte für jeweils s = konst. um eine Kurve liegen, wobei über 90 % der Meßwerte Abweichungen unter 10 % aufweisen (größere Abweichungen für n = 400 min^{-1} geringes Zentrifugalfeld). Auch hier bleiben, erwartungsgemäß, die beiden Geradenbereiche unterhalb Re = 300 und über Re = 300 erhalten.

Grundsätzlich ist im Rahmen der Arbeiten auch der Versuch unternommen worden, die Höhenabhängigkeit ($\longrightarrow s^*$) formelmäßig zu erfassen. Diese Unterlagen liegen vor, jedoch kann diese Sache nur als rein formal betrachtet werden. Schließlich ist die Einflußgröße s auf die spezielle Anordnung der Zentrifugentrommel zurückzuführen (freie Oberfläche bildet Paraboloiden) und eine allgemeine Einarbeitung erscheint daher wenig sinnvoll.

s mm	n 1/min	n^{*2}	Fr_z	Re	$f(n^{*2})$	k
82	400	35,8	$9,2 \cdot 10^{-4}$		$1,98 \cdot 10^{-6}$	
	600	80,5				
	800	143,1	$3,9 \cdot 10^{-3}$	100	$8,4 \cdot 10^{-6}$	1
	1000	223,6	$5,3 \cdot 10^{-3}$		$1,14 \cdot 10^{-5}$	
	1200	321,9	$7,2 \cdot 10^{-3}$		$1,55 \cdot 10^{-5}$	
141	400	35,8	$2,32 \cdot 10^{-4}$		$5,0 \cdot 10^{-7}$	
	600	80,5	$7,6 \cdot 10^{-4}$		$1,64 \cdot 10^{-6}$	
	800	143,1	$1,5 \cdot 10^{-3}$	100	$3,24 \cdot 10^{-6}$	1,1
	1000	223,6	$2,32 \cdot 10^{-3}$		$5,0 \cdot 10^{-6}$	
	1200	321,9	$3,12 \cdot 10^{-3}$		$6,73 \cdot 10^{-6}$	

Tab. 1: Zur Bestimmung des Exponenten k

Gleichung 2.12 bietet die Möglichkeit einer Auflösung nach Δ_m zur Berechnung der mittleren Gesamtschichtdicke in der Trommel, und man erhält

$$\Delta_m = \left(\left(\frac{V^2 \cdot 900}{4\pi 4 r_T^3 n^2}\right) \cdot Re^{(-m)} \cdot n^{*(-2)} \right) \cdot C \qquad (2.13)$$

Es sind lediglich die Konstanten für die verschiedenen Bereiche bzw. Höhen zu bestimmen.

Meßergebnisse mit höherviskosen Glukoselösungen

Diese Untersuchungen wurden mit Glukoselösungen durchgeführt, deren Zähigkeiten in folgenden drei Bereichen lagen:

$$n_2 = 5 - 6 \text{ cP}$$
$$n_3 = 25 - 30 \text{ cP}$$
$$n_4 = 65 - 80 \text{ cP}$$

Als Meßhöhen wurden nur die Stellen s = 82 mm und s = 141 mm unterhalb der Überlaufkante eingestellt.

Die Auftragung der Schichtdicken Δ_m in dimensionsloser Form entsprechend (und analog den Messungen mit Wasser n_1)

$$Fr_z = f(Re)$$

zeigt, daß als Folge der variierenden Zähigkeiten zwar die Kurven sich zu kleineren Reynoldszahlen hin verlagern, die Fr-Zahlen aber in der gleichen Größenordnung liegen, eine Folge der sich nur unwesentlich unterscheidenden Gesamtschichtdicken Δ_m (einschließlich denen von Wasser (n_1)).

Die Bilder 23, 24 und 25 zeigen diese Verhältnisse für die Meßhöhe s = 141 und für die drei verschiedenen Viskositäten auf. Die entsprechenden Daten für s = 82 liegen ebenfalls vor, auf ihre Darstellung wird im Rahmen dieses Berichtes verzichtet, da sie sich tendenziell mit den diskutierten decken.

Bei den Kurvenscharen fällt auf, daß für die relativ niedrigviskose Flüssigkeit (n_2) ein Abknicken der Kurven im oberen Volumenstrombereich noch gut auszumachen ist, (ähnlich wie bei Wasser n_1) während bei höheren Viskositäten diese Charakteristik verläuft. Daraus kann geschlossen werden, daß bei größerer Zähigkeit kein Umschlagen des Strömungszustandes in der Schicht (nur noch laminar! - bzw. Verbleiben unterhalb eines Übergangsbereiches!) mehr auftritt.

Die Steigung der Kurven unterhalb des Knickpunktes liegt wiederum bei m = 1,5 - 1,6.

Insgesamt nimmt die Parallelität der Kurven untereinander mit steigender Zähigkeit ab. Dieses Phänomen ist hydrodynamisch kaum zu erklären. Eine Ursache kann in der Definition der mittleren Schichtdicke Δ_m liegen, welche für Wasser abgeleitet, möglicherweise aber auf die Messungen mit Glukoselösungen nicht direkt anwendbar ist. Schließlich fallen die Differenzen ($\Delta_{Berg} - \Delta_{Tal}$) mit steigender Viskosität geringer aus.
Der Sprung zwischen den Kurven n = 800 und n = 1000 1/min in Bild 25 ist nur als Meßfehler (Fehler bei der Neueinstellung der Abtastnadel) zu erklären.
Für eine Gesamtbetrachtung der Meßergebnisse mit Wasser und Glukoselösungen soll der Drehzahleinfluß der Bilder 23 ÷ 25 mit Hilfe von n^* eliminiert, und die so gefundenen Darstellungen denen von Wasser (Bild 22) in einem gemeinsamen Diagramm gegenübergestellt werden.
Die funktionelle Beschreibung des Drehzahleinflusses erfolgt wieder nach dem Schnittverfahren, und zwar für η_2 (Tab. 2).

Re	Re^{-m}	Fr	n	n*2	$f(\frac{n^2}{n_q^2})$	
		$1,24 \cdot 10^{-4}$	400	35,8	$3,012 \cdot 10^{-6}$	
10	0,0251	$4,3 \cdot 10^{-4}$	600	80,5	$1,08 \cdot 10^{-5}$	→ k=4/3
m=1,6		$9 \cdot 10^{-4}$	800	143,1	$2,26 \cdot 10^{-5}$	
s=141		$1,6 \cdot 10^{-3}$	1000	223,6	$4,02 \cdot 10^{-5}$	
		$2,26 \cdot 10^{-3}$	1200	321,9	$5,67 \cdot 10^{-5}$	

Tab. 2: Zur Bestimmung des Exponenten k (für $\eta_2 \approx$ 6 cP)

Die Meßwerte der Glukoselösung η_2 werden mit der Funktion $(n^{*2})^{4/3}$ korrigiert. Ebenso die Ergebnisse aus den Versuchen mit Glukoselösungen η_3 und η_4.
Die Gesamtdarstellung zeigt Bild 26, wo der Versuch unternommen wurde, die Daten der verschiedenen Flüssigkeiten zusammenzufassen und sie einander gegenüberzustellen.
Der Wert dieser Darstellung liegt sicher nicht in dem Versuch, möglichst genaue Funktionen zur Berechnung der mittleren Schicht-

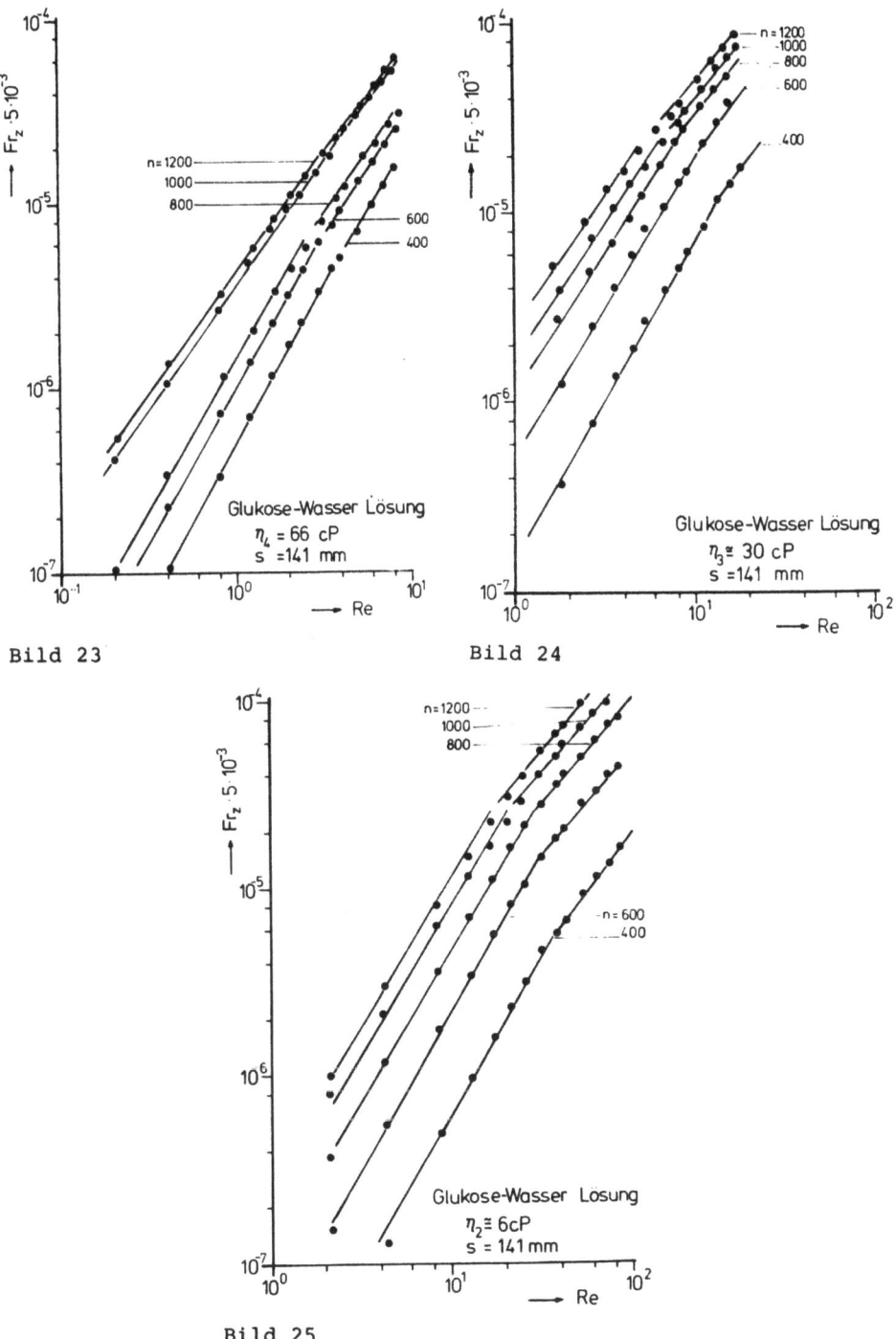

Bilder 23-25: Einfluß der Viskosität auf die Abhängigkeit der dimensionslosen Schichtdicke Fr_z von der Re-Zahl

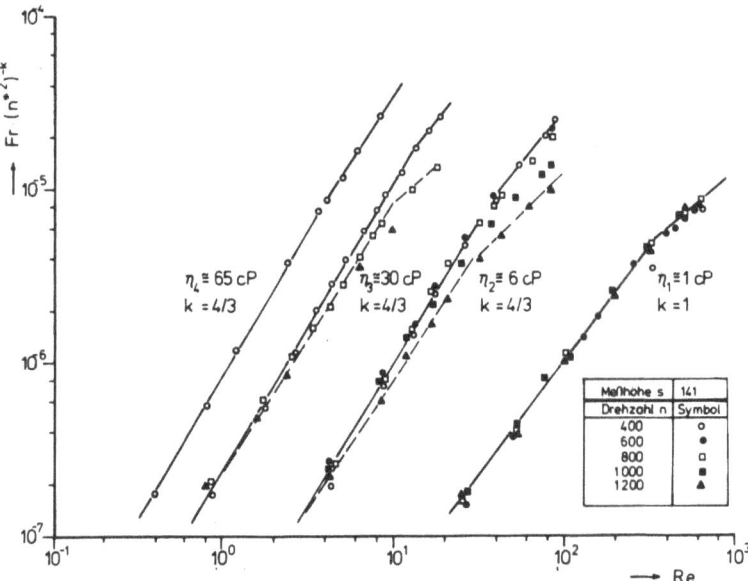

Bild 26: **Zusammenfassende Darstellung der Funktionen**
$Fr_z \, (n^{*2})^{-k} = f \, (Re)$

dicken Δ_m zu bestimmen. Wie Bild 26 zu entnehmen ist, werden die Abweichungen (innerhalb einer Flüssigkeitsviskosität) mit steigender Drehzahl größer. Auch erfüllt der Exponent k = 4/3 die Verhältnisse für n_3 und n_4 nicht ausreichend, es müßten offensichtlich eigene Exponenten bestimmt werden.

Als wesentlich stellt sich aus dieser Auftragung jedoch heraus, daß die Re-Zahl (als das Verhältnis aus Trägheit- zur Reibungskraft) kaum eine Einflußgröße darstellt.

Die größere Zähigkeit müßte zu dickeren Schichten führen, diese verändern sich jedoch nur geringfügig, der Einfluß der Reibung ist relativ unbedeutend. Als wesentliche Größen stellen sich vielmehr der Volumenstrom ($\dot{V} \sim$ w) und das Beschleunigungsfeld der Zentrifuge heraus.

Demnach bestätigen diese Ergebnisse die Annahme einer weitgehenden Analogie zwischen Rieselfilmströmung an senkrechten Flächen und der Zentrifugenströmung nicht. Die Ähnlichkeiten, die sich aus den Auftragungen der ersten Ergebnisse mit Wasser abzeichneten (s.a. Bild 15 u. 16), beschränken sich also auf ein Strömungsmedium, und sind offensichtlich an die Einflußgröße 'Volumenstrom' gekoppelt. Da die Reibung nach diesen Untersuchungen eine untergeordnete Rolle spielt, soll im folgenden eine Gegenüberstellung zur Wehrströmung im Erdschwerefeld durchgeführt werden, wobei die Ergebnisse einer bereits veröffentlichten Arbeit |13| als Grundlage dienen sollen.

Gegenüberstellung zur Wehrströmung

In der Form der freien Oberflächenkontur der Flüssigkeit und deren Überhöhung gegenüber der Überlaufkante ist bei Vollmanteltrommeln mit Aufstauung das treibende Potential zu sehen, welches das Durchfließen des Volumenstromes gegen die verschiedenen Krafteinflüsse wie Reibung und Schwerkraft bewirkt. Diese Betrachtungsweise führt sinnvollerweise zu einer Gegenüberstellung von Meßdaten aus der Zentrifuge und einem Wehrkanal in geeigneter Darstellungsform |13|.

Hier ist es nun von Interesse, die entsprechenden Meßgrößen aus der Trommel ohne Überlaufrand (ein System, welches, im Schnitt betrachtet, kaum noch als Wehrstrecke zu bezeichnen ist, sondern vielmehr als Filmströmungsvorgang) in die Darstellung Zentrifuge-Wehr entsprechend |13| einzutragen.

Für die besagte Darstellung hier noch einmal die Aufstellung der wichtigsten Kenngrößen:

__Wehrkanal:__ $\dot{V} = \frac{2}{3} \mu_w \cdot B \cdot h \, (2gh)^{\frac{1}{2}}$ (2.14)

mit μ_w : Überfallbeiwert Wehr
 B : Wehrbreite
 h : Überhöhung gegen die Wehrkante (in ausreichender Entfernung)

__Wehrkanal dimensionslos:__

$$\left(\frac{h}{B}\right)^3 = \frac{1}{2\left(\frac{2}{3}\mu_w\right)^2} \cdot \left(\frac{\dot{V}}{B^{5/2} \cdot g^{1/2}}\right)^2 \qquad (2.15)$$

$$h^* = \left(\frac{1,125}{\mu_w^2}\right)^{1/3} \cdot (\dot{V}^*)^{2/3} \qquad (2.16)$$

__Zentrifuge:__

$$\dot{V} = \frac{2}{3} \mu_z \cdot 2\pi r_R \cdot \Delta\delta_z \, |2(r_R \omega^2)\Delta\delta_z|^{\frac{1}{2}} \qquad (2.17)$$

mit μ_z : Überfallbeiwert Wehr
 $2\pi r_R$: Umfang des Überlaufringes, hier speziell $2\pi r_T$
 $\Delta\delta_z$: Überhöhung gegen die Nullkontur, s.a. Bild 11

__Zentrifuge dimensionslos:__

$$\left(\frac{\Delta\delta_z}{2\pi r_T}\right) = \left(\frac{1}{2\left(\frac{2}{3}\mu_z\right)^2}\right) \cdot \left(\frac{\dot{V}}{(2\pi r_R)^{5/2}(r\omega^2)^{1/2}}\right)^2 \qquad (2.18)$$

$$\Delta\delta^*_z = \left(\frac{1,125}{\mu_z^2}\right)^{\frac{1}{3}} \cdot \dot{V}^{*\frac{2}{3}} \qquad (2.19)$$

Die Flüssigkeitsoberflächenüberhöhungen gegenüber dem jeweiligen Nullniveau lassen sich sowohl für die Zentrifuge als auch für das Wehr dimensionslos und in Abhängigkeit von der Durchflußzahl $\dot{V}^*$ darstellen. Man kann leicht zeigen, daß die Größe $\dot{V}^*$ dabei das Verhältnis aus Trägheit und Beschleunigung, und damit eine Froudezahl darstellt.

Trägt man nun die Daten aus der Trommel ohne Überlaufrand zunächst separat in entsprechender Form auf, so erhält man die

Darstellung nach Bild 27. Dieses zeigt die Auftragung $\Delta\delta^*_z$ als Funktion von $\dot{V}^*$ für die Meßhöhe in der Trommel s = 82 und verschiedene viskose Flüssigkeiten. Ein entsprechendes Bild von s = 141 existiert ebenfalls, es zeigt die gleichen Tendenzen, auf die Aufstellung wird hier daher verzichtet.

Wichtig ist allerdings der Hinweis, daß auch hier die Überhöhungen $\Delta\delta$ gegen die Nullkonturen geringfügig höhenabhängig sind ($\Delta\delta$ nimmt in Strömungsrichtung, d.h. mit fallendem s, ab), eine Erscheinung, die bereits bei den Untersuchungen in der Trommel mit Überlaufring beobachtet werden konnte, und die im Zusammenhang mit der inneren Flüssigkeitsreibung und mit unzureichender Beschleunigung in Umfangsrichtung gedeutet worden war.

Auf den ersten Blick zeigt Bild 27 die bekannten Charakteristiken: kleiner Volumenstrom $\dot{V}$ und große Drehzahl n haben kleine $\Delta\delta^*_z$ zur Folge und die $\dot{V}^*$ liegen links auf der Abszisse, bzw. große Volumenströme $\dot{V}$ und kleine Drehzahlen n liegen rechts mit den höheren $\Delta\delta^*_z$-Werten. Auffallend, und abweichend von den Ergebnissen aus |13|, ist, daß die Überhöhungen $\Delta\delta$ sich mit zunehmender Viskosität deutlich vergrößern. Dieser Effekt hatte sich bereits bei der Auftragung absoluter Schichtdicken Δ_m angedeutet, er fällt aber hier stärker auf, da die Abmessungen von $\Delta\delta$ geringer sind als die vom Δ_m.

Die Steigungen der Kurvenzüge, die aus den Meßdaten zu entnehmen sind, liegen für die Zähigkeiten η_1 und η_2 bei m 0,5 (entsprechend Trommel mit U-Rand), sie nehmen aber mit weiter steigendem η auf $m = \frac{1}{3}$ ab. Die Kurven liegen nicht parallel, sondern konvergieren mit abnehmender Drehzahl und steigendem Volumenstrom (siehe Anmerkung S. 38).

Diese Beobachtung einer signifikanten Zunahme von $\Delta\delta$ mit steigendem η steht in gewissem Gegensatz zu den Ergebnissen der Zentrifuge <u>mit</u> Überlaufringen, bei der je nach Ringtiefe Unterschichten zwischen 10 und 40 mm vorhanden waren. Zur Verdeutlichung dieser Unterschiede wurden die Meßdaten aus Bild 27 in die entsprechende Vergleichsdarstellung von Zentrifuge und Wehr eingetragen, Bild 28.

Darin gibt die durchgezogene schwarze Kurve die Ausgleichsgerade durch die Zentrifugendaten (mit Überlaufringen) mit der Steigung $n = \frac{1}{2}$ an, die gepunkteten Linien grenzen den Streubereich ein (Bild 26 aus |13|).

Man kann leicht erkennen, daß die Meßwerte aus der Zentrifuge ohne Überlaufrand für das Strömungsmedium Wasser sich noch gut der Ausgleichsgeraden anpassen (größere Abweichungen hier nur bei n = 400 l/min, ⟶ geringere Zentrifugalkraft), während sie mit steigender Zähigkeit sich immer mehr nach oben verlagern. Durch diesen Drift nach oben sind diese Werte im Vergleich zum Wehrkanal noch weniger in Übereinstimmung zu bringen; man kann sagen, die Meßwerte tragen den zunehmenden Unterschieden zwischen beiden Systemen Rechnung (Wehr: η ist im allgemeinen gering, eine deutliche Unterschicht liegt vor - Trommel ohne Rand: keine Unterschicht, η steigend). Die Meßwerte geben immer mehr den Filmcharakter von Schichten auf festem Untergrund wieder.

Diese Aussage, und die Feststellung der Zunahme von $\Delta\delta$ mit η stellt keinen direkten Widerspruch zu den Bemerkungen von S. 33 dar.

Trägt man nämlich die Überhöhungen $\Delta\delta^*$ als Funktion der Re-Zahl auf (entsprechend Bild 26), dann zeigt sich wiederum der große Volumenstromeinfluß (und der Drehzahleinfluß), so daß die Einwirkung der Zähigkeit relativiert wird. Wegen der geringeren Absolutabmessungen von $\Delta\delta$ gegenüber Δ_m tritt der Viskositätseinfluß natürlich deutlicher hervor.

<u>Beispiel:</u> $\dot{V}$ = 40 l/min, n = 400 l/min, s = 82 mm

	Δ_m	$\Delta\delta$	Diff	$\frac{\text{Diff}}{\Delta_m}$	$\frac{\text{Diff}}{\Delta\delta}$
η_1	4,73	2,43			
			0,25	0,05	0,093
η_2	4,98	2,68			
			0,33	0,063	0,11
η_3	5,31	3,01			
			0,64	0,11	0,175
η_4	5,95	3,65			

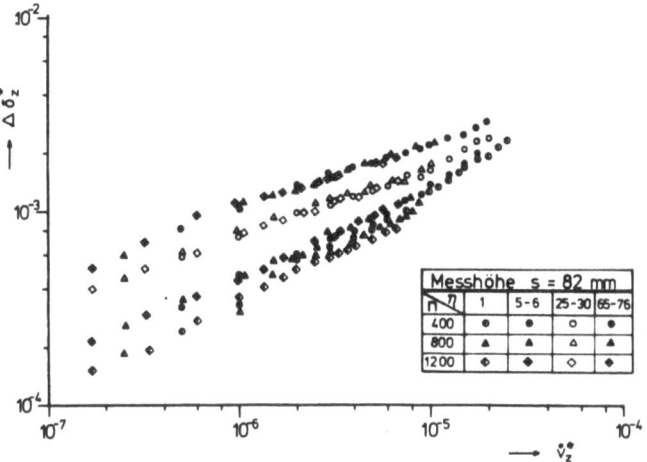

Bild 27: Darstellung der bezogenen Überhöhung $\Delta\delta^*$ als Funktion von ∇^* und der Viskosität η

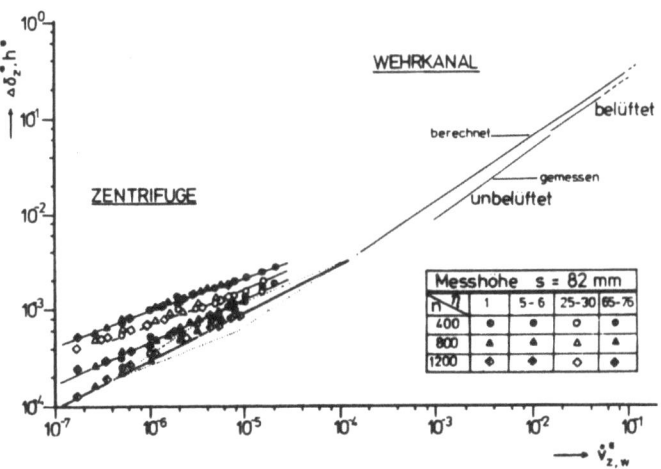

Bild 28: Gemeinsame Darstellung der Meßergebnisse aus Zentrifuge mit Überlaufringen und am Wehrkanal

Anmerkung s. Seite 41:

Diese Charakteristik des Konvergierens würde (für den Fall ihrer kontinuierlichen Fortsetzung) für sehr große Viskositäten einen abszissen parallelen Kurvenverlauf für $\Delta\delta^*$ über $\dot{V}^*$ erwarten lassen.

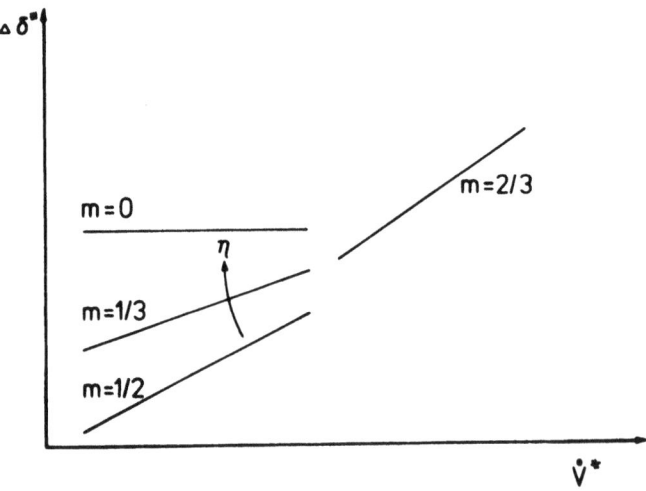

Grenzfallbetrachtung:

allgemein: $\Delta\delta^* = \text{konst.} \cdot (\dot{V}^*)^m$

Wenn keine Steigung mehr $\longrightarrow$ $\Delta\delta = \text{konst.}$, $m = 0$

$$\Delta\delta^* = \text{konst.} = \text{konst.} \cdot (\dot{V}^*)^0 = \text{konst.} \cdot 1$$

Rein <u>mathematisch</u> heißt das, $\Delta\delta^*$ ist keine Funktion von $\dot{V}^*$ mehr.
<u>Physikalisch</u> bedeutet dieser Fall (bei Berücksichtigung des Quotienten $\dot{V}^* = \dfrac{\dot{V}}{r_R^3 \cdot n}$) daß die Auswirkungen der Größe $\dot{V}$ durch die von n, das ganze bezüglich der Höhenzunahme von $\Delta\delta$, ausgeglichen werden.

<u>Beispiel:</u> n = konst. $\dot{V}$ = 5 - 50 l/min, Ergebnis bzgl. $\Delta\delta$:
  Trotz Zunahme von $\dot{V}$, keine Erhöhung von $\Delta\delta$; dies bedeutet, die Anströmgeschwindigkeit muß sich erhöhen. Das Problem, ursprünglich im wesentlichen durch die Fr-Zahl gekennzeichnet, wird zum reinen Problem von Trägheit/Reibung $\longrightarrow$ Re-Zahl.

2.2 Untersuchungen in der Horizontalzentrifuge (Acrylglastrommel)

Einführung

Der Hintergrund für die Konzeption einer horizontal gelagerten Überlaufzentrifuge war der Wunsch, die parabelförmige Ausbildung der freien Flüssigkeitsoberflächenkontur zu eliminieren. Dabei bestand durchaus die Vorstellung, daß bei dieser Anordnung zwar die Flüssigkeitsverteilung über den Umfang infolge der unterschiedlichen Wirkungen der Zentrifugalkraft und der Schwerkraft ungleichmäßig ist, daß aber andererseits in axialer Richtung die Flüssigkeitshöhen allein durch die Hydrodynamik der Strömung bestimmt werden.

Zur weitgehenden Eliminierung der Erdschwere wurden die Messungen in der Trommel (von gezielten Ausnahmen abgesehen) in der neutralen Ebene vorgenommen. Diese liegt in Höhe der Drehachse senkrecht zur Wirkungslinie der Erdbeschleunigung.

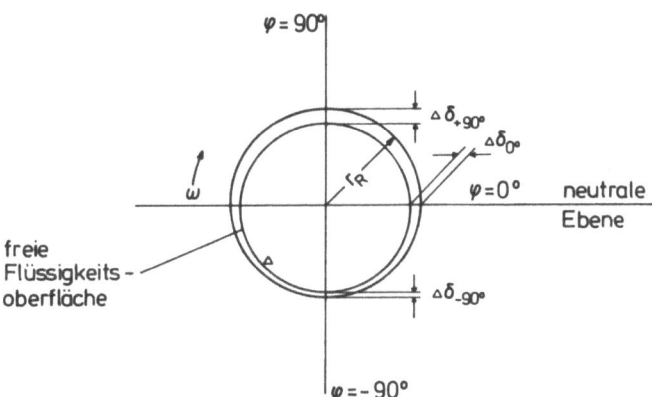

Bild 29: Neutrale Ebene und Winkel in der Horizontaltrommel

Die Rotationssymmetrie in der horizontal gelagerten Trommel wird nur bei sehr hohen Drehzahlen, im Grenzfall bei $n \longrightarrow \infty$ erreicht. Die Wirkung der Schwerkraft führt zu einer Verminderung der Zentrifugalwirkung in der oberen Hälfte der Trommel bzw. zu einer Vergrößerung im unteren Teil. Entsprechend sind die Schichtüberhöhungen in der unteren Trommelhälfte geringer als im oberen Teil zu erwarten.

2.2.1 Versuchsaufbau

Die Versuchsanlage ist schematisch in Bild 30 dargestellt.
Für die Messungen stand eine Versuchszentrifuge mit Plexiglastrommel in horizontaler Anordnung zur Verfügung. Das Schutzgehäuse der Zentrifuge sowie die Antriebswelle und deren Lagerung waren einer Haushaltswaschmaschine entnommen. Der Trommelinnendurchmesser betrug 300 mm, die Länge 225 mm. Als Aufstauwehre konnten Überlaufringe mit r_R = 120 und r_R = 130 mm eingesetzt werden.
Als Versuchsflüssigkeit diente Leitungswasser im einmaligen Durchlauf. Die Mengenmessung erfolgte über Schwebekörperdurchflußmesser.
Als Meßvorrichtung stand hier ein Gerät zur Verfügung, welches bereits bei Untersuchungen an der Vertikalzentrifuge zur Anwendung kam |13|. Es war am Zentrifugengehäuse befestigt, und die Nadeleinstellung mußte nach jedem Umbau über die gesamte Meßstrecke geeicht werden. Durch die Nachschaltung des Schreibers hinter dem Impulsgeber konnte die Meßgenauigkeit auf ± 0,1 mm gebracht werden. Diese entspricht der Fertigungstoleranz der Plexiglastrommel.

2.2.2 Versuchsdurchführung

Die Versuchsdurchführung ist ausführlich erläutert in |13| sowie in der Studienarbeit "Inbetriebnahme einer horizontal angeordneten Überlaufzentrifuge und Untersuchungen der Strömungsschichtdicke" von R. Mechelhoff, durchgeführt am Lehrstuhl Mechanische Verfahrenstechnik, Universität Dortmund SS 1976. Als wichtiger Hinweis sei hier vermerkt, daß im Fall der Horizontalzentrifuge der Unterschied zwischen <u>absoluter Überhöhung</u> Δ der freien Oberfläche (gegenüber r_R (bzw. r_T)) und <u>relativer Überhöhung</u> $\Delta\delta$ (gegenüber der Nullkontur) entfällt. Ursache dafür ist, daß die Oberflächenkonturen bei gefüllter aber nicht durchströmter Trommel sich, im Schnitt betrachtet, wandparallel ausbilden - im Gegensatz zur parabolischen Oberflächenkontur in der Trommel mit senkrechter Achse.

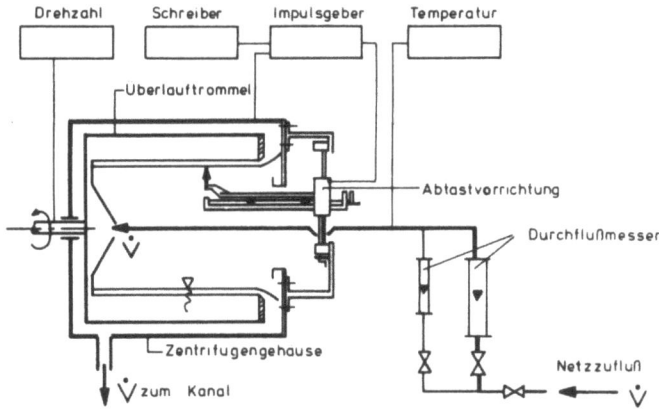

Bild 30: Schema der Versuchsanlage "horizontalzentrifuge"

2.2.3 Darstellung und Diskussion der Meßergebnisse

Ergebnisse aus der Trommel mit Überlaufrand

Zunächst sei hier wiederum auf die o.g. Studienarbeit (R. Hechelhoff) verwiesen, die einen recht guten Einblick in die Meßergebnisse und ihre Diskussion ermöglicht. Die wesentlichen Aussagen zu der Schichtüberhöhung $\Delta\delta$ und ihre Abhängigkeit von den Parametern

$\Delta\delta = f(s)$ s : Lauflänge
$\Delta\delta = f(n)$ n : Drehzahl
$\Delta\delta = f(\rho)$ ρ : Winkel am Umfang

seien im folgenden kurz zusammengefaßt.

a) Abhängigkeit von der Lauflänge s
- Parallelität der freien Oberfläche mit der Trommelwand bzw. mit der Nullkontur kann <u>nicht</u> beobachtet werden.

- Die Oberflächenlinien längs der Lauflänge lassen sich <u>nicht</u> linearisieren. Die Kurven durch die Meßpunkte von Δδ verlaufen in zwei Wellen, insgesamt aber mit abnehmender Tendenz (Bild 31).

Bedenkt man, daß die Länge der Überlauftrommel im Verhältnis zum Durchmesser ziemlich kurz ist, dann können die starken Überhöhungen von Δδ in Nähe des Einlaufs und die bei s = 25 mm mit Einlauf- bzw. Auslaufstörungen erklärt werden. Die Länge ist zu gering, als daß sich eine ungestörte Strömungsschicht ausbilden kann.

Als weiteres wesentliches Ergebnis läßt sich auch hier eine Abnahme der Überhöhung Δδ in axialer Strömungsrichtung erkennen. Die Flüssigkeitsschicht verfügt offensichtlich am Zulauf in die Trommel über eine zusätzliche Höhe, welche den Strömungswiderstand und etwa vorhandenen Schlupf ausgleicht. (s.a. |13|, S. 29-33)

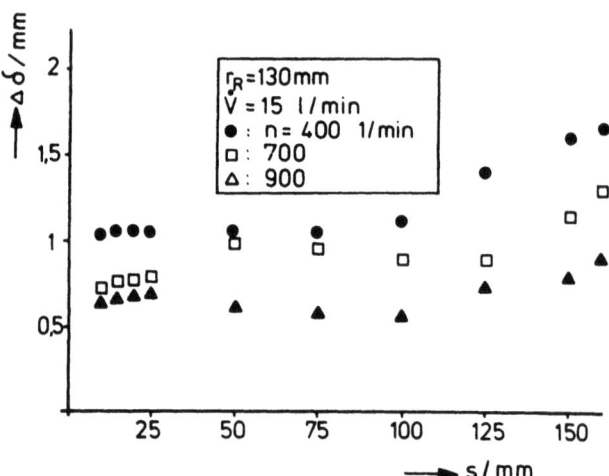

Bild 31: Überhöhungen $\Delta\delta$ in der Horizontalzentrifuge in Abhängigkeit von s und für verschiedene Drehzahlen. Volumenstrom $\dot{V}$ = konst.

b) <u>Abhängigkeit von der Drehzahl n</u>

Es konnte der bereits aus den anderen Messungen bekannte Drehzahleinfluß, nämlich abnehmendes $\Delta\delta$ bei steigender Drehzahl festgestellt werden, Bild 31. (⟶ Übereinstimmung mit der Vertikalzentrifuge)

c) Abhängigkeit von Umfangswinkel ρ

Einige der Meßreihen wurden zusätzlich an den Umfangspositionen $\rho = +90°$ und $\rho = -90°$ (Bild 29) aufgenommen.

Dabei konnte festgestellt werden, daß die Überhöhungen $\Delta\delta_{-90°}$ (unter der Einwirkung von $F_z + F_g$) am geringsten und die $\Delta\delta_{+90°}$ ($F_z - F_g$) am größten für jeweils einen Betriebszustand ausfielen. Die Unterschiede nahmen mit steigender Drehzahl ab. Ursache dafür: Die größere resultierende Kraft normal zur freien Oberfläche hat die geringere Schichtüberhöhung zur Folge. Einfluß der Erdbeschleunigung verringert sich mit steigendem $\underline{n}$! Die Ergebnisse sind für einige Betriebszustände in Bild 32 dargestellt.

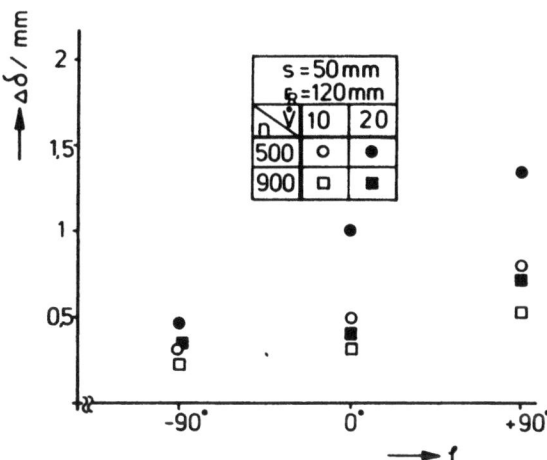

Bild 32: Abhängigkeit der Schichtüberhöhung $\Delta\delta$ in Abhängigkeit von der Lage am Umfang (Winkel ρ s. Bild 29)

Ergebnisse aus der Trommel ohne Überlaufrand ($r_R = r_T$)

Aufgrund der Erkenntnisse aus den Untersuchungen an der Vertikalzentrifuge, bei denen sich auch die Geometrie des Flüssigkeitszulaufs in die Trommel als wesentlich für die Strömungsausbildung in der Flüssigkeitsschicht herausgestellt hatte, wurde für die im folgenden erläuterten Versuche ein spezieller Flüssigkeitsverteilerring angefertigt. Diese entsprach mit seinem Außenradius r_z = 149,5 mm praktisch dem Trommelinnenradius und damit dem Überlaufradius r_R. In den Ring wurden z_R = 108 Beschleunigungsrippen eingefräst. Um einen ausreichenden freien Querschnitt zu schaffen, wurde der Zulaufring bis zur Rippenhöhe radial 4,5 mm abgedreht. Durch diese Konzeption wurden zwei wichtige Forderungen erfüllt:

- Hohe Beschleunigungsrippenzahl gewährleisten gute Flüssigkeitsbeschleunigung in Umfangsrichtung. Die Flüssigkeit wird gleichmäßig verteilt.
- Das Heranreichen der Rippen bis an die Trommelwand verhindert praktisch jeden möglichen Schlupf. Die geringe radiale Tiefe des freien Durchgangs verhindert Überhöhungen von $\Delta \delta$ am Zulauf, die nicht strömungsspezifisch sind.

Entsprechende Anfärbungen in der Flüssigkeitsschicht an verschiedenen Höhen s zeigten dann auch, daß praktisch überall eine rein axiale Trommeldurchströmung vorliegt.

Ausgewählte Ergebnisse zu den Schichtüberhöhungsmessungen in dieser Trommelanordnung, die aber repräsentativ für alle entsprechenden Messungen sind, zeigen die Darstellungen Bild 33 und 34.
In Bild 33 sind zunächst die Daten $\Delta\delta$, gemessen an der Stelle s = 25, in Abhängigkeit vom Volumenstrom für einige Drehzahlen aufgetragen. Dabei stellen sich die bekannten Charakteristiken ($\Delta\delta$ wächst mit $\dot{V}$ und nimmt mit der Drehzahl n ab) heraus. Bei n = 400 konnte nur bis $\dot{V}$ = 10 l/min, bei n = 600 nur bis $\dot{V}$ = 15 l/min gefahren werden, da der Zulaufring sonst überlief

(Ursache ⟶ der hohe Strömungswiderstand infolge der vielen kleinen Querschnitte zwischen den Rippen).
Die Sprungstelle zwischen den Kurvenzügen bei V = 12 l/min läßt sich nicht eindeutig erklären. Eine Abschätzung über die Reynoldszahl mit

$$Re = \frac{\bar{w} \cdot \Delta\delta}{\nu} = \frac{V \cdot \Delta\delta}{2\pi r_R \Delta\delta \, \nu}$$

ergibt für $\dot{V}$ = 10 l /min ⟶ Re ≅ 176 und für $\dot{V}$ = 12 l /min ⟶ Re ≅ 210. Beide Reynoldszahlen liegen weit unter den in der Literatur genannten kritischen Re-Zahlen, welche den Umschlag von laminarer zu turbulenter Strömung bei Filmen (Re = 300 - 500) kennzeichnen.

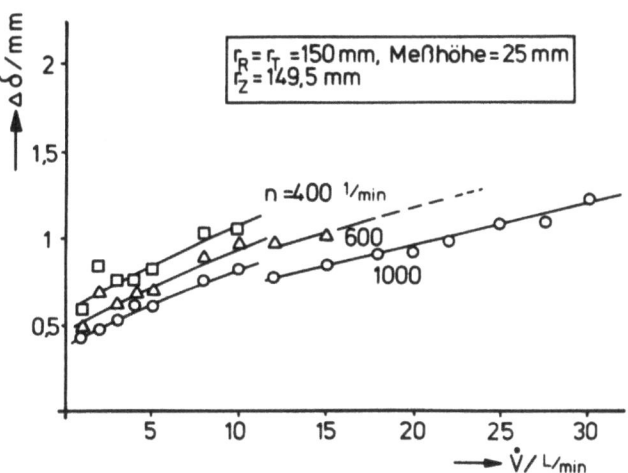

Bild 33: Schichtüberhöhungen in der Trommel ohne Überlaufrand in Abhängigkeit vom Volumenstrom $\dot{V}$ und von der Drehzahl n

In Bild 34 sind Schichtdicken $\Delta\delta$ ebenfalls für verschiedene Volumenströme und zwei Drehzahlen, aber über der Lauflänge s aufgetragen. Vergleicht man diese Darstellung mit der des Bildes 31 so fällt auf, daß hier die Oberflächenlinien nicht geschwungen, sondern praktisch linear abnehmend verlaufen. Ursache dafür ist sicher die nicht vorhandene Unterschicht, und die strömungsfreundliche Ausbildung des Flüssigkeitszulaufringes.

Weiterhin ist signifikant, daß trotz hoher Flüssigkeitsbeschleunigung in Umfangsrichtung sich deutliche zusätzliche Überhöhungen von $\Delta\delta$ am Zulauf gegenüber dem Überlauf (bzw. der Stelle s = 25) in der Größenordnung von $\Delta(\Delta\delta)$ = 0,15 - 0,2 mm einstellen. Die Schichten $\Delta\delta$ sind also lauflängenabhängig. Da, wie die

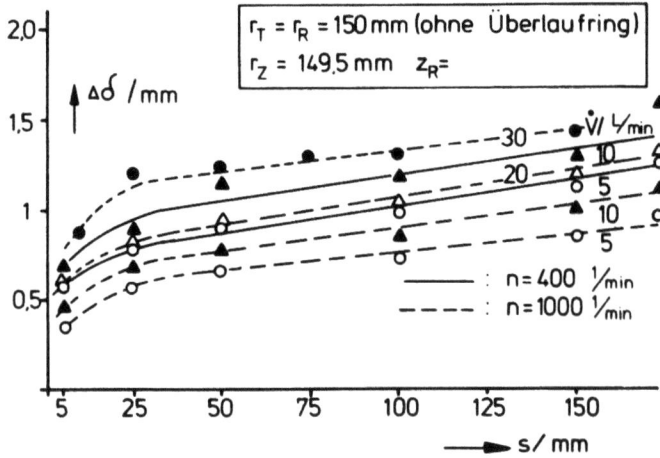

Bild 34: Schichtüberhöhungen in der Trommel ohne Überlaufring in Abhängigkeit von der Lauflänge s für verschiedene $\dot{V}$ und n

Anfärbungen zeigten, bei dieser Anordnung kein Schlupf mehr vorlag, können diese zusätzlichen Überhöhungen nur als notwendiges Potential zur Überwindung des Strömungswiderstandes gedeutet werden. Entsprechend muß auch hier erwartungsgemäß mit gewissen Abweichungen vom Potentialströmungsvorgang im Wehrkanal gerechnet werden.

Vergleichende Darstellung mit der Vertikalzentrifuge und dem Wehrkanal (entspr. Bild 28)

Dazu werden die Meßdaten aus der Horizontalzentrifuge dimensionslos aufgetragen, wobei wiederum die Gleichungen 2.18 und 2.19 zugrunde gelegt sind. Die entsprechende Darstellung zeigt Bild 35.
Die durchgezogene schwarze Kurve stellt wieder die Ausgleichsgerade durch die Daten der Vertikalzentrifuge mit Überlaufringen dar, die gepunkteten Linien grenzen den Streubereich dieser Messungen ein. Betrachtet man die Horizontalzentrifugener-

gebnisse zunächst in ihrer Gesamtheit bzgl. des Streubereiches, so kann von einer recht guten Übereinstimmung gesprochen werden. Dieses Gesamtergebnis ist ein Indiz dafür, daß diese Darstellungsform kein Zufallsergebnis aus der Vertikalzentrifuge war. Darüber hinaus hat sich auch die Lage der Meßwerte gegenüber denen des Wehrkanals, der ja rein äußerlich ein völlig anderes System darstellt, durch die Daten aus zwei verschiedenen Zentrifugen bestätigt. Bei einer Einzelanalyse kann folgendes festgestellt werden:

- Die Abweichungen von der Ausgleichsgeraden sind geringer für die Messungen <u>mit</u> Überlaufringen, als bei Vorhandensein einer Unterschicht ⟶ System entspricht, im Schnitt betrachtet, dem Wehrkanal. Dabei liegen die Daten für $r_R = 120$ mm oft etwas über der Ausgleichsgeraden, für $r_R = 130$ mm etwas unterhalb derselben. Ursache dafür kann durchaus in den notwendigen Umbauarbeiten von $r_R = 120$ mm auf $r_R = 130$ mm sowie in der geringeren Meßgenauigkeit dieser Anlage liegen.

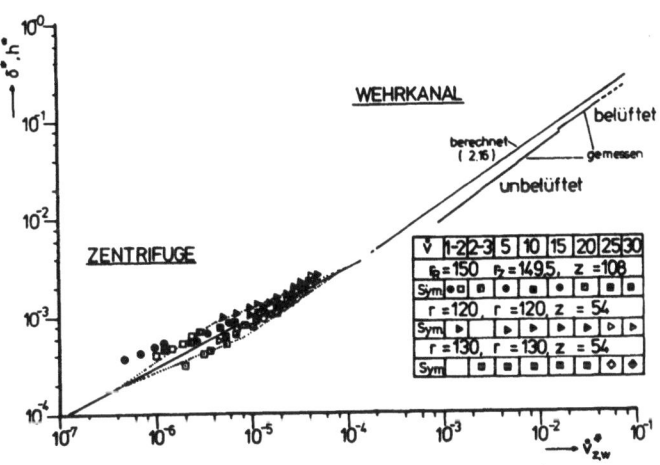

Bild 35: Gemeinsame Darstellung der Meßergebnisse aus der Horizontalzentrifuge, der Vertikalzentrifuge (gepunkteter Bereich) und dem Wehrkanal

- Die Abweichungen von der Ausgleichsgeraden (und dabei nur
  für kleine Volumenströme und große Drehzahlen ($\longrightarrow \dot{V}^*$ sind
  klein)) sind für die Trommel ohne Überlaufrand, also für
  die reine Strömung dünner Schichten, größer.

Hinzu kommt natürlich, daß bei kleinen absoluten Meßgrößen
sich ein konstanter Fehler stärker auswirkt.

Ein wesentlicher Nachteil dieser Darstellung liegt sicher
in der relativen Häufung der Punkte über einen $\dot{V}^*$-Bereich
von zwei Zehnerpozenzen. Mit der vorhandenen Zentrifuge
war aber das Ausfahren von Grenzwerten ($\dot{V}$ groß, n klein)
nicht möglich, da das Zulaufsystem dann überlief und die
Flüssigkeitsverteilung über dem Umfang ungleichmässig wurde.
Auch der untere Bereich von $\dot{V}^*$ konnte nicht weiter ausge-
fahren werden ($\dot{V}^*$ klein, n groß), da die Drehzahl der Plexiglastrommel auf 1000 1/min begrenzt war.
Folglich wäre es von Interesse, entsprechende Untersuchungen
an einer höher drehenden bzw. durchmessergrößeren (unterer
Bereich) oder an einer durchmesserkleineren (oberer Bereich)
Trommel durchzuführen. Dabei wird man allerdings feststellen,
daß die Grenzbereiche nicht beliebig ausgedehnt werden können,
da die in der Kennzahl $\dot{V}^*$ enthaltenen Größen $\dot{V}$, n, r_R^3 in der
Trommel zusammenwirken. Darüber hinaus ist wegen der nicht
glatten Flüssigkeitsoberfläche durch die Meßgenauigkeit bei
kleinen $\Delta\delta$-Werten eine Genauigkeitsgrenze gegeben.

2.3 Messung von Axialströmungsschichtdicken in der Horizontalzentrifuge mit Überlaufrand.

Der Schwerpunkt der Arbeiten im Rahmen des Forschungsvorhabens lag in den bereits erläuterten Untersuchungen der Schichtüberhöhung in der Trommel. Über diesen Meßumfang hinaus wurden in der Horizontalzentrifuge auch Gesamtdicken von Axialströmungsschichten mit Hilfe der bekannten Meßmethode (Anfärbung von Stromfäden unter stroboskopischer Beleuchtung |13| bestimmt.

Dazu wurde die Trommel mit den Überlauf-Zulauf-Ringkombinationen $r_R = r_z$ = 130 mm bzw. 120 mm versehen, wodurch sich Aufstautiefen von 20 mm bzw. 30 mm ergaben. Für jedes Ringsystem wurden z_R = 18 und 54 Beschleunigungsrippen am Zulauf getestet. Als Strömungsmedium diente ausschließlich Wasser. Die Untersuchungen wurden bei Drehzahlen von n = 500, 700 und ggf. 800 1/min bei Volumenströmen von $\dot{V}$ = 5, 10, 15, 20, 25, 30 l/min durchgeführt.

Bezüglich der Lage der Nullstromlinie im Trommelringraum konnte, wie schon von der Vertikalzentrifuge bekannt, kein signifikanter Drehzahleinfluß festgestellt werden, so daß ihr Wandabstand im untersuchten Drehzahlbereich (bei gleichem V) konstant war.

Darüber hinaus wurden qualitativ wieder erhebliche relative Umfangsgeschwindigkeiten beobachtet, die bei z_R = 54 Rippen geringer waren als bei z_R = 18. Bedeutsam für die Ergebnisse ist ihre Gegenüberstellung zu den Werten aus der Vertikalzentrifuge (s.a. Bild 44 der Diss. |13|) in dimensionsloser Form. In Bild 36 ist diese Darstellung noch einmal schematisch aufgetragen. Darin bedeuten die über die Bildbreite durchgezogenen Kurven den geometrischen Ort der berechneten Werte (Gleichung 5.31 der Dissertation), die gestrichelten Kurven geben die Lage der entsprechenden Meßwerte wieder. Die Punkte zwischen den fett durchgezogenen Kurven sind Meßwerte aus der Horizontalzentrifuge.

Es zeigt sich, daß die Meßpunkte wieder weit außerhalb des Kurvenbereiches der theoretischen Werte liegen. Jedoch gibt die Veränderung ihrer Lage bei zunehmender Beschleunigungsrippenzahl z_R die bekannten Tendenzen nach unten wieder, und darüber hinaus ist auch die weitgehende Übereinstimmung zwi-

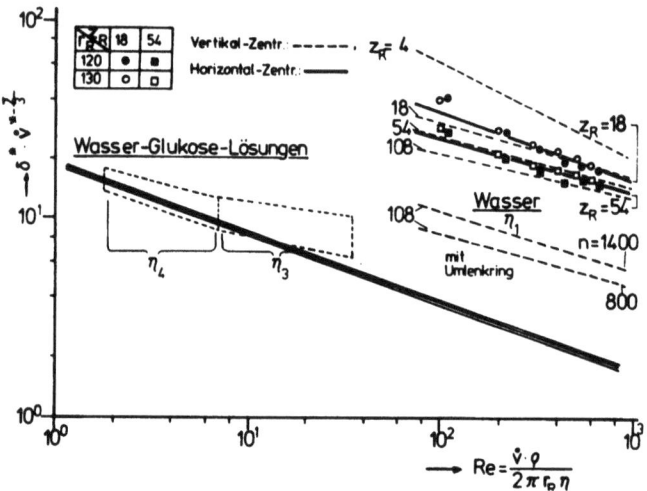

Bild 36: Dimensionslose Darstellung der Axialströmungsschichtdicken δ^* an Vertikal- und Horizontalzentrifugen

schen Horizontal- und Vertikalzentrifugendaten bei gleichen z_R-Zahlen augenfällig.

Aus den Ergebnissen kann geschlossen werden, daß die Art der dimensionslosen Darstellung den Zusammenhang zwischen Schichtausbildung und Einflußgrößen recht gut beschreibt. Auch die Bedeutung der relativen Umfangsgeschwindigkeit (die ihrerseits nicht explizit in der Darstellung enthalten ist) für die Axialströmungsschichtdicken wird durch diese Ergebnisse aus der Horizontalzentrifuge betont und bestätigt, so daß die Möglichkeit von Zufallsergebnissen ausgeschlossen werden kann, da die Untersuchungen in zwei verschiedenen Zentrifugenapparaten gewonnen wurden.

Nach wie vor unbefriedigend ist, daß die negativen relativen Umfangsgeschwindigkeiten formelmäßig, also quantitativ, nicht berücksichtigt werden. Ein erster Schritt zur Berücksichtigung des Schlupfes könnte sinnvollerweise empirisch über das Beschleunigungssystem am Trommelboden erfolgen. Dazu wäre es nötig, aus den für die Flüssigkeitsbeschleunigung relevanten Größen (Rippenstellung und -höhe, ggf. Umlenkungen) Funktionswerte abzuleiten, mit denen direkt das unterschiedliche Beschleunigungsvermögen und indirekt die damit verbundenen Schichtdickenveränderungen formelmäßig zu beschreiben wären.

3. Gesamtbetrachtung

Im Rahmen des Forschungsvorhabens wurden an einer vertikal und einer horizontal angeordneten Überlaufzentrifuge Messungen zur Bestimmung der Flüssigkeitsüberhöhungen gegenüber den Nullkonturen und gegenüber der Überlaufkante durchgeführt. Bei der Horizontalzentrifuge wurden darüber hinaus entsprechende Untersuchungen an Trommeln mit verschiedenen Überlaufringen, welche die Flüssigkeit bis zu einer bestimmten Höhe aufstauen, vorgenommen.

Aus den Ergebnissen sollte die Frage nach Analogie zwischen dem Strömen von Rieselfilmen an senkrechten Rohren und dem Ausströmen von Flüssigkeit aus Vollmanteltrommeln beantwortet werden.

Es zeigte sich, daß bei den zwei unterschiedlichen Anordnungen der Trommeln infolge des Einflusses der Erdbeschleunigung die freien Flüssigkeitsoberflächen sich verschiedenartig ausbilden. Im Fall der Vertikaltrommel stehen F_z und F_g senkrecht aufeinander und die innere Oberfläche bildet sich parabolisch aus. Im Fall der Horizontaltrommel addieren bzw. subtrahieren sich die beiden Kräfte, so daß die Flüssigkeit sich ungleichförmig über dem Umfang verteilt und eine geeignete Betrachtungsstelle ausgewählt werden muß. Die Ergebnisse in ihrer Gesamtheit zeigen, daß offensichtlich keine weitgehende Analogie zwischen den Strömungssystemen Zentrifuge und Rieselfilm besteht, wenn auch im Einzelfall (z.B. Wasser, η = konst, Re nur $f(\hat{v})$) gewissen Ähnlichkeiten auftreten können.

Vielmehr stellt es sich für die Zentrifuge heraus, daß bezgl. der Schichtausbildung (Überhöhung) der Strömungswiderstand als Folge der inneren Reibung nur eine geringe Rolle spielt gegenüber dem Einfluß des Verhältnisses aus Trägheit- und Zentrifugalkraft, der Kennzahl $\hat{v}^*$.

Die Gegenüberstellung dieser Zentrifugenergebnisse zu berechneten und gemessenen Daten eines Wehrkanals zeigt weitgehend die gleiche Charakteristik auf, die sich bereits bei früheren Messungen an der Vertikalzentrifuge herausgestellt hatte.

Entsprechend verlängern auch hier die Meßpunkte die Wehrkanalkurve zu kleineren Durchflußzahlen $\bar{V}^*$ hin, und zwar mit einer etwas schwächeren Steigung. Dieser geringere Anstieg ist Reibungs- und Beschleunigungseinflüssen zuzuschreiben.

Danach ergeben sich größere Abweichungen praktisch nur für das System der Trommel ohne Überlaufring ($\longrightarrow$ keine Unterschicht) und hohe Flüssigkeitsviskosität. Hierbei ist allerdings zu bedenken, daß dieser Strömungsvorgang nicht mehr dem des Wehres, sondern eher einem Filmströmungsvorgang entspricht, welcher bei mangelnder Beschleunigung in Umfangsrichtung mit quer verlaufenden Strömungskomponenten behaftet ist.

4. Literaturverzeichnis

1	H. Reuter	CIT 39, 311 ff, 1967 und CIT 39, 548 ff, 1967
2	Sokolov	"Moderne Industriezentrifugen" Verlag Technik Berlin 1971
3	J. Schnittger	Ind. Eng. Chem. Proc. Des. Develop. Vol. 9, 407 ff, 1970
4	H. Brauer	VDI-Forschungsheft 457, VDI-Vlg. Düsseldorf 1956
5	J. Brose	Studienarbeit 1975, LS MV, Universität Dortmund
6	F. Stummel	Praktische Mathematik
K. Heiner	Teubner Studienbücher, 1971
7	E. Marshall	CIT, 47, 879 ff, 1975
8	J.G. Byatt-Smith	The Chem. Ing. J.7, 61 ff, 1974
9	W.B. Krantz	
W.B. Owens	Ind.Eng.Chem.Fundam.1, 33 ff, 1975
10	A. Sommerfeld	"Mechanik der deformierbaren Körper", Leipzig 1945
11	W. Albring	"Angewandte Strömungslehre" Vlg. T. Steinkopf, Dresden 1966
12	U. Meyer	
U. Werner	Ztschr. Verfahrenstechnik 11, Nr. 5, 1977
13	U. Meyer	Dissertation, Universität Dortmund, 1977

If you have any concerns about our products,
you can contact us on
ProductSafety@springernature.com

In case Publisher is established outside the EU,
the EU authorized representative is:
**Springer Nature Customer Service Center GmbH
Europaplatz 3, 69115 Heidelberg, Germany**

Printed by Libri Plureos GmbH
in Hamburg, Germany